庭院景观设计 7

花园集
花园集俱乐部◎主编

江苏凤凰科学技术出版社 · 南京

图书在版编目（CIP）数据

花园集 ：庭院景观设计．7 ／ 花园集俱乐部主编
．-- 南京 ：江苏凤凰科学技术出版社，2023.12
ISBN 978-7-5713-3770-4

Ⅰ．①花… Ⅱ．①花… Ⅲ．①庭院－景观设计 Ⅳ．
① TU986.2

中国国家版本馆 CIP 数据核字 (2023) 第 180615 号

花园集　庭院景观设计 7

主　　编　花园集俱乐部
项目策划　凤凰空间／杜玉华
责任编辑　赵　研　刘屹立
特约编辑　杜玉华

出版发行　江苏凤凰科学技术出版社
出版社地址　南京市湖南路 1 号 A 楼，邮编：210009
出版社网址　http：//www.pspress.cn
总　经　销　天津凤凰空间文化传媒有限公司
总经销网址　http：//www.ifengspace.cn
印　　刷　北京博海升彩色印刷有限公司

开　　本　889 mm × 1194 mm　1/16
印　　张　11
字　　数　172 000
版　　次　2023 年 12 月第 1 版
印　　次　2023 年 12 月第 1 次印刷

标准书号　ISBN 978-7-5713-3770-4
定　　价　69.80 元

前言

“自然”和“绿色”的生活永远都不会过时。注重生活格调的人往往都有一个花园梦，院子便是城市里的诗。拥有一处花园，便有一种不一样的生活体验。

在绿色人居生活理念的指导下，人们对居住环境的品质需求快速提升，花园行业得以蓬勃发展，庭院设计的理念也逐步浸润人心。庭院景观营造不仅包含方案设计、工程把控，而且有植物配置、空间美学、陈设艺术、使用功能、材质风格等多项元素，每一项都需要专业的知识储备。

本书收录了第七届中国花园设计大奖赛“园集奖”的获奖作品。通过展示花园设计师们打造的精美花园，将浪漫的生活空间向户外扩展，开放式的设计将自然景色尽情展现。所有花园案例都由“园集奖”获奖设计师提供，包括别墅花园、楼盘样板花园、屋顶露台花园、阳台花园、民宿花园、会所花园、公共花园等众多项目。每个项目都独具特色，从不同视角展现庭院的设计理念、功能分区和绿色植被的完美结合，将别出心裁的设计完美融合在大环境之中。

我们深知，每一个庭院设计作品都凝结了设计团队的心血，背后有着常人无法体会的艰辛。希望本书在展示造园界同仁优秀作品的同时，也让更多人更加重视花园景观设计。在此，希望造园界同仁与我们携手同行，推动花园行业发展，让花园改变生活！

花园集俱乐部

目录

别墅花园

楼盘样板花园

屋顶露台花园

阳台花园

会所花园

公共花园

栖水居

项目风格：现代中式
项目面积：303 m^2
项目造价：60 万元
主案设计师：吴禹宽
设计 / 施工单位：秦皇岛观海园林景观工程有限公司

本案庭院的特点是在庭院外围有一条延伸的河道，所以依托河流，采取人与自然互生的设计思路，运用简洁大方的设计构图手法，着重强调住宅整体的生态设计，模糊住宅空间与自然的边界，使庭院在观感上得以扩展。设计师以敏锐的感官去探究空间的深层本质，进而将其转换成庭院的元素，强调室内与室外的对话与互动，在重视住宅环境共生哲学的同时，注重住宅整体的生态设计，以现代生态意识为目标设计出自然的宜居住宅。

在这个项目中，利用台阶层次与贯穿东西的道路，减少了道路斜坡的压迫感。巧妙借景临近的小溪，放大空间感的同时，让人与自然更近一步。西边长亭静立在溪面上，以长亭的静烘托山水自然的生命力和包容性。东面的凉亭旁，利用地形高差打造多层次景观空间，营造形态生动的“龙门瀑布”，化解高差带来的压迫感。连接两个长亭的道路有着开阔视野、让动线更流畅的作用，并成为横贯东西的轴线，使各景观紧密相连。庭院结合地形和植物的塑造，营造出富有生机的、自然的禅意氛围，让人置身于自然之中，做到人与自然共生。

利用竹、枫等植物进行先抑后扬

的入口设计，让观赏更具有探索性，增添了维度和活力，同时为内部用户提供了隐私保护。在住宅两侧的花园空间种植了具有浓郁季节感的落叶树，同时用野山石保护土壤，使土壤不会流动。最大化利用场地空间，尽可能使住宅庭院开阔宽敞。在靠近建筑的地方选用较矮的观叶型灌木及小乔木，让自然和房子之间密切联系，花坛提高了空间的观赏性。溪边则采用较为高大的乔木，提升庭院的层次和人在室内的观感体验。溪中小岛打破小溪的固有轮廓，赋予小溪新的生命力。

整个庭院增加了雾化设备，既营造了仙气飘飘的意境之美，又满足了大面积绿化植物的浇灌需求，达到意与形的完美融合。

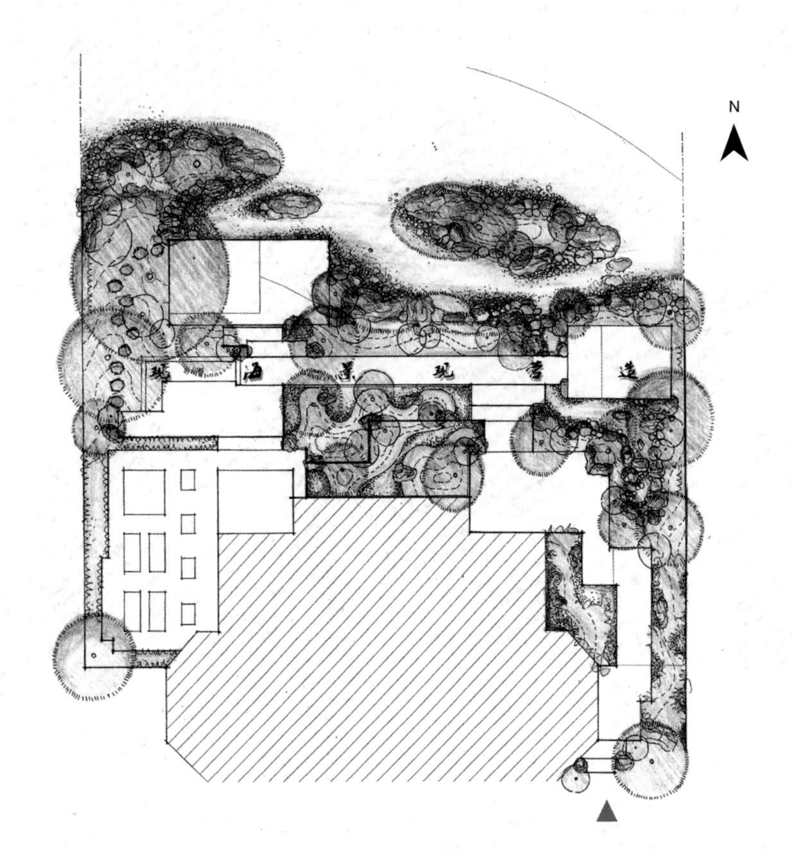

总平面图

苏式庭院

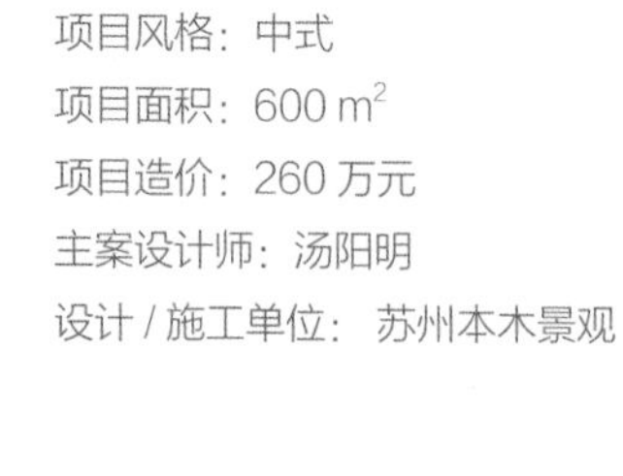

项目风格：中式
项目面积：600 m^2
项目造价：260 万元
主案设计师：汤阳明
设计 / 施工单位：苏州本木景观

项目位于云南腾冲。在院子里可以眺望整个城市，视野极佳。别墅外立面是英伦风，但业主喜欢苏式庭院，希望院子能装得下一年四季，尽显自然生机，所以设计师就造了这样一个苏式花园。

该花园区别于常见的院落，它有很明显的两条界限，将整个院子分成上、中、下三个院子，有趣的高差层次给花园带来了更多的乐趣。根据业主的实际需求，设计师将上院即一层的前院分为两部分：南边的入户停车区宽敞、整洁、大气；北边的日式禅意景观用独特精美的造景手法，给人以别样的雅致与静谧。

中院、下院也就是整个院子的西面，将传统的中式园林引入院中，粉墙、黛瓦、亭、台、轩、榭、长廊、小桥、流水、嶙峋怪石组构成院。

最西边的下沉空间引入腾冲当地特有的温泉，业主可逛逛花园，泡泡温泉，品着普洱茶。整个花园以水为中心，周边布置假山、亭台、曲桥。亭台的分布也充分考虑了不同的观景效果，可对望，可观内景，可远眺。园无须大，亭台参差，山水相依，独坐可静己心，客来可共饮茶，于茶室中围炉而坐、谈笑风生，别有一番滋味。

园林中既有山水之乐，又有清隐之情。在这样的院落中，草木葱茏，落花缤纷，居于其中永远不会觉得无趣。

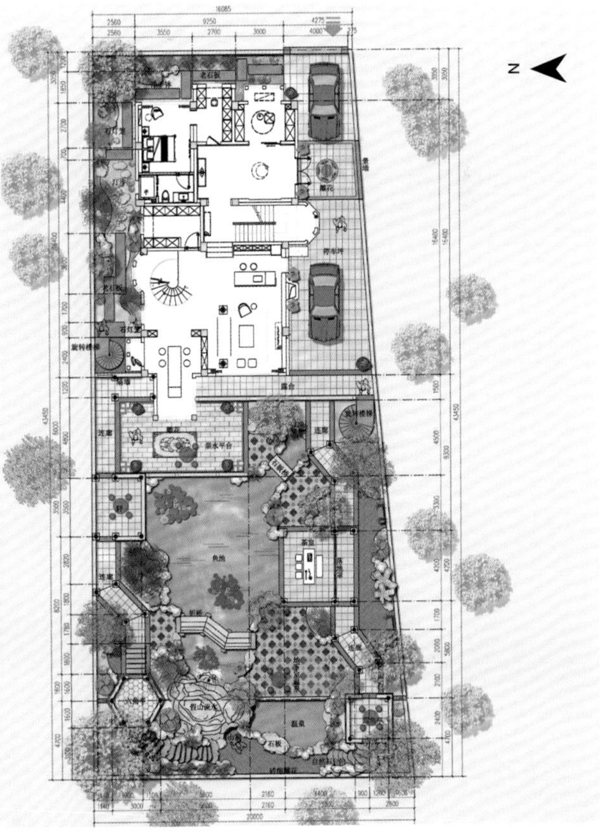

总平面图

荷风园

中式庭院犹如中国书画一样，讲究“疏密曲直”，布局精妙，步移景异，在不失传统韵味的气质空间中缔造出最适合中国人居住的生活方式。本案庭院景观依地势而建，讲究格调与韵味，强调点面的精巧，追求诗情画意和清幽平淡、质朴自然的园林景观，有浓郁的古典水墨山水画意境。

在设计中，讲究自然与人的关系，旨在打造休闲隐逸的居住环境。

“建造框景，景亦框造。画深成景，景深有框。”入户空间采用对景的手法，开门见景，利用案几和盆景打造前景，提升入户品质，满足业主的情怀诉求。打开入院门，红枫露出枝头，被框在如意窗里，形成一幅美景。入院有两条路线：可以通过笔直的连廊，坐在池边，观赏对面由假山、流水、小桥和亭子构成的美景；也可以通过宝瓶门，走过小桥，近距离欣赏山石、流水的灵秀之美。

院内四季碧涛不歇，曲径仿若山间小路。东南角毗邻假山设置一亭，亭角高挑，似飞燕，与友于其间闲聊品茶，雅趣油然而生。园路旁以小型植物点缀，颇有俏皮之姿。院内植物皆寓意美好，例如玉兰象征高洁优雅，芭蕉寓意长寿、健康和平安，罗汉松代表好运和健康。在每个空间转换及布景上都考虑与植物的结合，使每棵植物的存在都与业主生活息息相关。

整个院内空间有张有弛，虚实结合，步移景异，在有限的空间内造无限的景色，做到咫尺之内造乾坤。

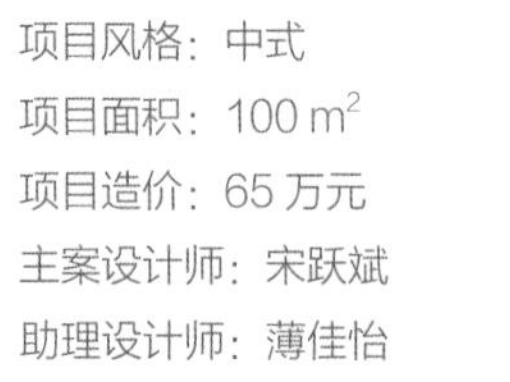

项目风格：中式
项目面积：100 m^2
项目造价：65 万元
主案设计师：宋跃斌
助理设计师：薄佳怡
设计 / 施工单位：杭州原物景观设计有限公司

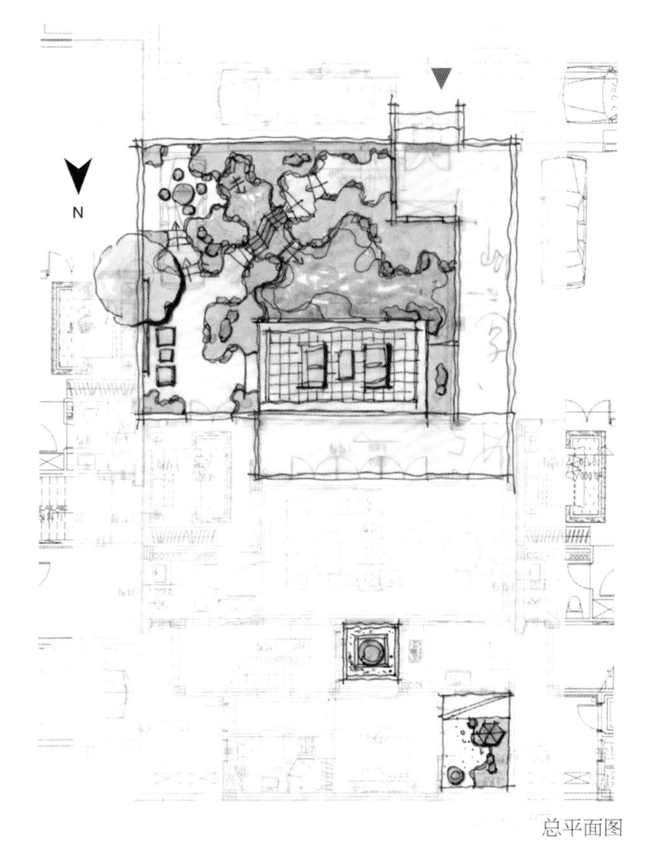

总平面图

倚澜筑

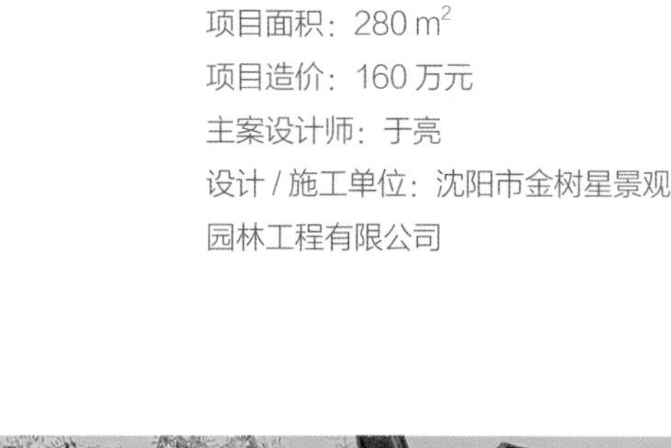

项目风格：中式
项目面积：280 m^2
项目造价：160 万元
主案设计师：于亮
设计 / 施工单位：沈阳市金树星景观园林工程有限公司

一方水土，铭刻一种生活；一座庭院，承载一个梦想。

瓦墙明窗，清泉碧茶；有知己对坐，品茗观花，谈笑风生，漫谈流年。几缕炊烟夕阳落，小庭院里话桑麻。

设计风格为中式，曲径通幽，回廊蜿蜒，结合整体建筑风格，与庭院形成了很好的联动性。

中式庭院讲究的是意境，那些山山水水在人生的每个阶段都有着不同含义。穿过这条充满禅意的侧方小路，便来到内院。设计围墙时，设计师特意增加了漏窗及月洞门，作为景观的同时还可以向外借景。穿过水上的石板桥，来到了主景观空间，石板桥在满足功能需求的同时又增添了趣味性。在石板桥侧方增加了假山组景及花木，白墙衬景，移步换景，观尽院内的一草一木、亭台轩榭。

天然石材能够表现出庭院线条质朴的感觉，经济实惠也容易铺设，给人一种既古朴清新又巧夺天工之感。

水池是庭院的点睛之笔，打造一座锦鲤池，蓄一池清水，点缀景石，

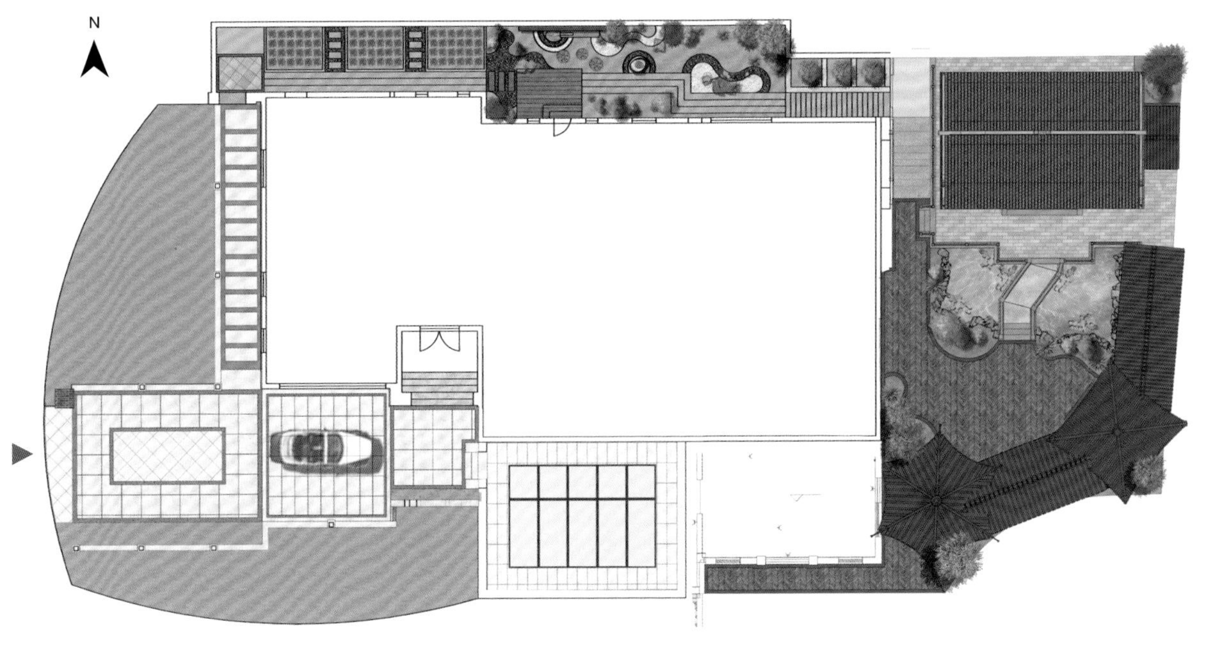

总平面图

配一些水生植物，形成消暑降温的绝佳之处。山与水的对话正被鱼儿偷听；亭廊曲水，一帘幽梦。

夜幕降临，庭院内的灯光更是吸引人。无论是景墙上的氛围灯带、射树灯还是景观石灯，都使得整个庭院的景观更加有层次，让夜晚依然有景可赏。

城中山水自然，映衬着建筑和室内空间。庭中的繁茂枝叶便是人们最真挚的心灵寄托，园里园外圆一场山间游梦。

静思亭

蔷薇亭
静思亭

中安翡翠湖公园

项目风格：中式
项目面积：1800 m²
主案设计师：范红军
助理设计师：刘海燕
设计 / 施工单位：重庆和汇澜庭景观设计工程有限公司

本案例的设计中，以地为媒，引水为介，把生活质感和文化传承作为设计核心，选用现代建筑之奢华格调和古典中式之风雅气韵相融的设计风格，追求极致体验感、生活仪式感、场景氛围感，进而打造出典雅高端的生活家园。

庭院呈回字形环绕别墅周围，总体分为前院和后院。前院素雅恬静、内敛低调；后院大气尊贵，尽显奢华。

前院整体采用了现代风格作为基调，设计师在偏厚重的奢华感和素雅淡薄的风雅感之间作出取舍——大面积采用白砖青石的搭配。池水平静，山石嶙峋，起伏间似山脉连绵；草坪绿意盎然，罗汉松挺拔矗立，展苍劲豪迈之气。

寥寥几处，便展示了空间的动与静、起与伏，以及颜色的渐变。组成花园入户区的视觉元素，在很好地诠释归家仪式感的同时，还能将归家时追求静心凝神的效果体现得淋漓尽致。于这静谧山水间，洗刷外界的喧嚣，体验逐步出世的心境。

迈步下行，未见其景，先闻水声潺潺。巧妙地用听觉承接上下空间，避免割裂游园体验，增强了庭院质感。

进入后院，仿佛踏入了一幅山水

画卷——设计师打造了传统中式与自然深度契合的梦幻空间，亭、廊、椅，山、水、石，所有元素都是极佳的搭配，自然之潇洒写意与传统中式之典雅大气的融合带来更好的观赏体验以及更多的观赏可能。

信步游园，沿廊而进，观太湖石群峻峭而奇美，池水清幽而见底，其中锦鲤浮沉，自在游弋，优雅灵动。清风抚过，水波漾漾，层层涟漪间，水镜映出石与廊的倒影起伏翩翩，光影交相辉映，仿佛穿越古今，置身古典园林之极，让人沉醉，使人流连。

行至水穷，越过小径，入月洞门。洞外豁然开朗，各处景致也与之前不尽相同。草坪青翠欲滴充满活力，不远处的湖水碧波荡漾，绿地与湖畔相连，仿佛互相缠绵，一如碧海连天。枫树高耸，矗立于草坪间，那抹红叶摇曳，点缀于这片绿地之上，仿佛画龙点睛之笔，让空间更显梦幻多彩。

相比于内庭庄重典雅的营造手法，外庭偏向于打造一个清静闲适的生活空间，道路曲折连绵，户外家具多选用素雅的白色，更添几分婉约静美。

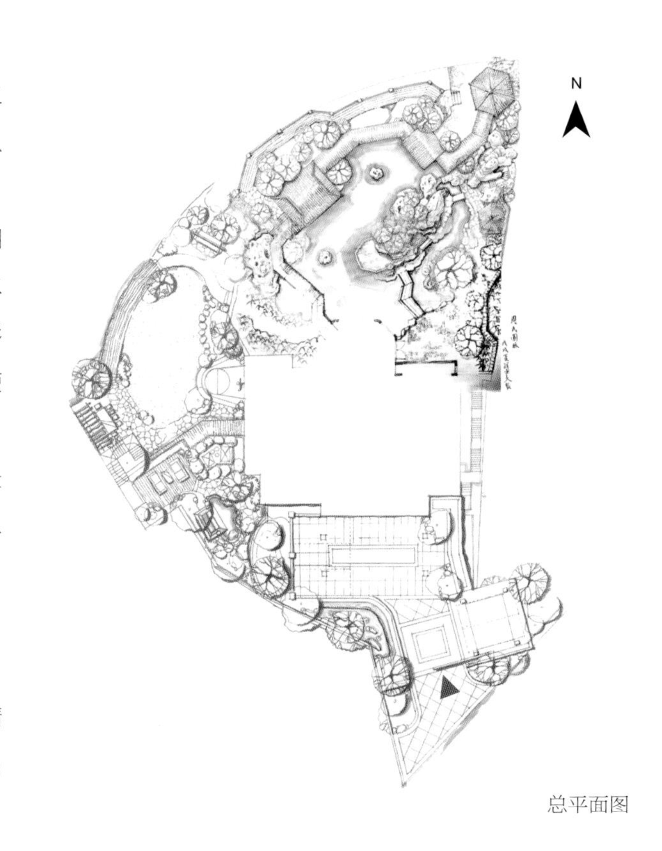

总平面图

天景 28 阙花园

项目风格：中式
项目面积：1300 m²
主案设计师：叶科
助理设计师：刘海燕
设计 / 施工单位：重庆和汇澜庭景观设计工程有限公司

自古以来从不缺少传统中式园林的追捧者，我们可从一些史料的字里行间窥见一二。谢庄在《北宅秘园诗》里写道：“微风清幽幌，余日照青林。”而杨素在《山斋独坐赠薛内史》中的描写“兰庭动幽气，竹室生虚白。落花入户飞，细草当阶积”同样引人入胜。可以说，这一极具东方神韵的园林风格所散发的独特魅力就如同陈年佳酿一般，在岁月的熏陶下历久弥香。

本案例是一个总面积 1300 m² 的传统中式园林。在园区的规划上，设计师结合场地本身将空间立体化，采用现代设计理念和传统中式园林美学相结合的设计方向，将独特的东方韵味融入生活场所之中，追求静、雅、逸，营造出一步一景、景景相融的奇妙景致，在一方庭院间，创造完美的游园体验。

总平面图

日成居

项目风格：现代中式
项目面积：1500 m^2
项目造价：650 万元
主案设计师：应芳红
设计 / 施工单位：杭州凰家园林景观有限公司

都说懂得打理院子的人，一定懂生活。岁月苦短，不要等到真的老去，才遗憾没有好好享受生活。人生起起落落一辈子，只求四季如歌一院子。

清晨，空气丝丝清凉，鸟语唤醒梦中之人，小窗浸透百花之香。午后，庭院愈发宁静，绿树荫浓，三两好友如约而至，携一壶清茶，举杯对饮，畅聊心事，不禁豁然开朗。夜晚，好友渐散，万籁俱寂，唯有细雨飘落，醉卧于榻上，枕着烛影，伴雨声入眠。在纷繁尘世间，愿你拥有一方院落，让无处安放的灵魂有个诗意栖居之所。

春日看庭前花开，夏日泛舟于莲池，秋日听风于枫林，冬日叹梅花之傲寒。一座院子，在于方寸之间，不曾离开四季之景，不曾辜负美好时光，得自然之真趣。

佳木植于雅院，瀑布倾泻而下，光影斑驳洒落，沙、石、草、木与竹在一起相得益彰。花开，是迷恋的脚步；花落，是陪伴的无悔。闲庭信步，闲叙家常，奢享花园美好的诗意新生活。

1. 车行入口
2. 硬质铺装
3. 停车位
4. 景墙
5. 采光井
6. 明堂铺装
7. 特色铺装
8. 室外软装
9. 台阶
10. 木平台
11. 汀步
12. 枯山水
13. 新中式廊架
14. 艺术园路
15. 菜地
16. 凡尔赛拼
17. 滴水钵
18. 亲水平台
19. 木拱桥
20. 假山跌水
21. 锦鲤鱼池
22. 踏步石
23. 景观亭
24. 阳光草坪
25. 秋千
26. 冰梅铺装
27. 水钵
28. 景观小品
29. 地雕

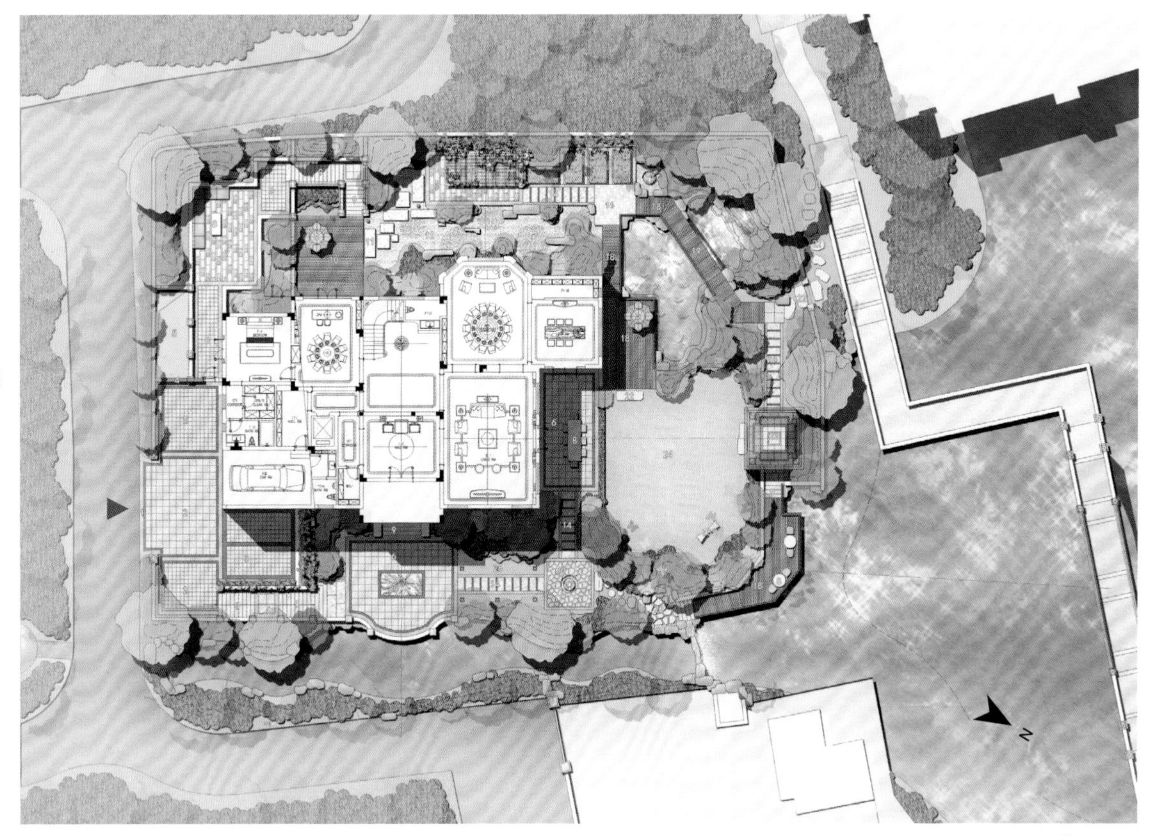

总平面图

棕榈泉 50 花园

项目风格：现代中式
项目面积：500 m^2
项目造价：160 万元
主案设计师：邹林丽
设计 / 施工单位：重庆和汇澜庭景观设计工程有限公司

花园景致优美，层次分明，田园生活气息浓郁，山、水、回廊相映生辉。业主喜爱的自然、开阔的场地，很适合小朋友们嬉闹、玩耍和奔跑。水池里游动的锦鲤，让平静的水池多了几分动态的美。

水池边的镂空铜艺花岗岩栏杆在保证美观的同时，又能保证小朋友们玩耍时的安全。汉白玉定制地沿、岩板山水画、镂空铜艺花岗岩栏杆等处处体现出业主的高雅品位。花园里植物品种繁多，观赏植物和果树穿插栽种，在欣赏美的同时，业主也能品尝到自己种出的果实，体验收获。花园里大面积的菜地，满足了业主对田园生活的向往，亲自栽培的蔬菜吃起来更加香甜可口。

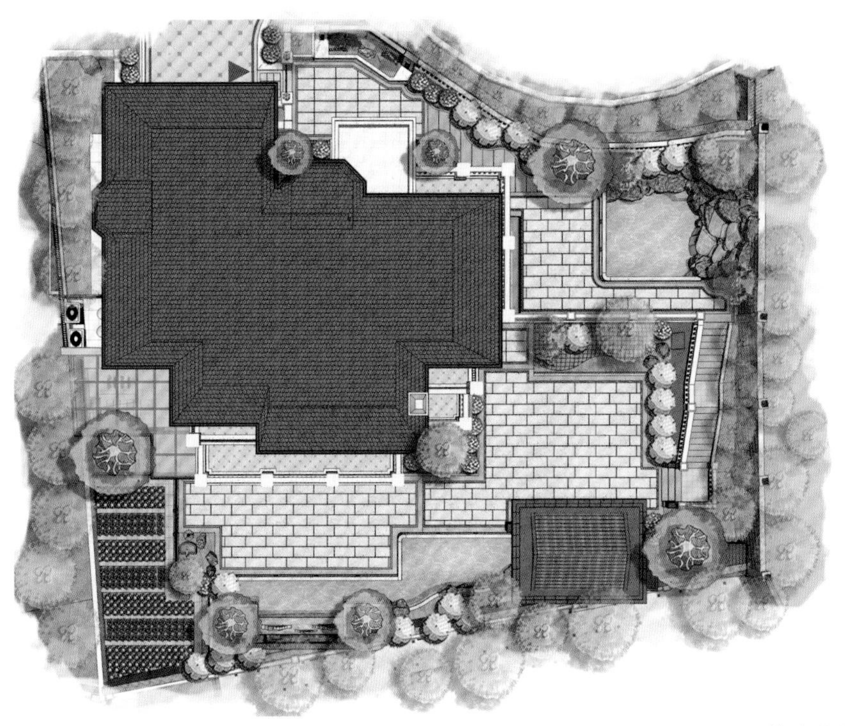

总平面图

温馨的生活剧场

项目风格：现代简约、现代中式
项目面积：225 m²
项目造价：35 万元
主案设计师：刘木森
助理设计师：谢伟强
设计 / 施工单位：广州市泛美户外装饰有限公司

在这个现代简约的院子里，空间设计倡导“诗性东方”独特语境下的表达，景观设计概念从建筑和场地切入，提取在地自然景观中的山海元素，从居住者的感受出发解读当代生活方式，在润物细无声中将内敛与含蓄写入空间。

简单的线条、淡雅的色彩、清爽的环境，承载着清且灵的东方美学、高而雅的文士精神，是现代人对雅士生活的寄托方式之一。

中山古镇万科城这个项目在设计师的笔下，同水光月色的清灵透净一起，同东方词采的风雅绵邈一起，在现代城市的一隅打造了一种清雅宁静、回归诗意的院落生活。

“竹雨松风琴韵，茶烟梧月书声。”设计师从清代书法家傅山的对联中提炼出清雅有韵的东方语素，将现代主义的简约纯粹择善而取，以折中的手法有层次地糅合兼收，将传统美学渗透山水城市生活的日常之中，营造质朴幽然、安适惬意之感。

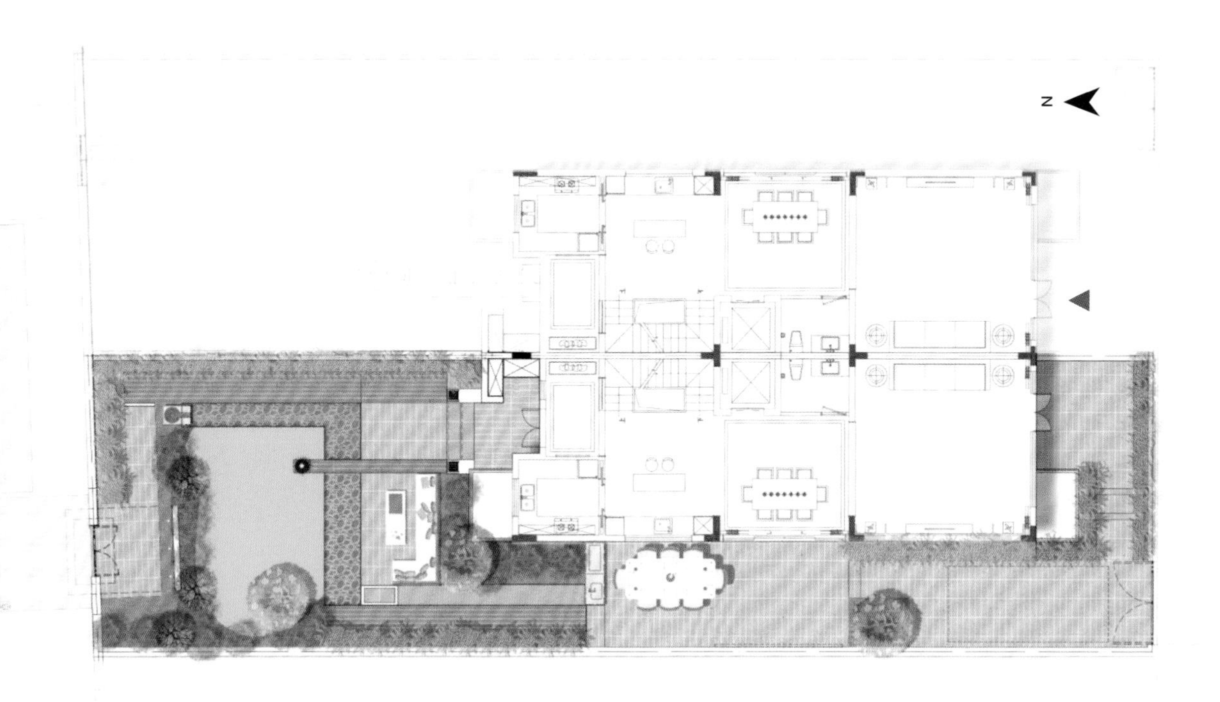

总平面图

平门小筑

项目风格：中式
项目面积：345 m^2
项目造价：180 万元
主案设计师：张文明
设计 / 施工单位：苏州裕成园林景观工程有限公司

本案位于苏州古城区的中式别墅区，受业主委托进行设计与营造。业主本人喜爱苏州园林，对园林很有研究，在反复沟通后，设计师以苏州园林为基础理念建成此园。

在设计理念上，园林以有限面积造无限空间，故“空灵”二字为造园之要谛。花木重姿态，山石贵丘壑，以山水为主景，体现园林之真谛！

在整体的设计中，设计师依据使用功能，将花园分为北门入院区、东部入户区（过道区）、入院大门西侧区（自主区）、西北侧区（设备区）、南侧主景观区。

南侧主景观区面积半亩有余，主景区亦是庭院面积最大的一处，东西狭长，以山水为设计中心，叠山理水，“虽由人造，宛自天开”。

山不在高，贵有层次；水不在深，妙有曲折。主山背后植一高松做天际背景，与建筑客厅隔池相望，池中有锦鲤供游人观赏。对面的太湖石造就的假山流水尽收眼底，假山内别有洞天，山奇洞幽，清泉回旋，水音与岩壑共鸣，坐于平台即可与假山为伴。西侧水榭为会客纳凉处，坐西朝东可观近景小拱桥、中景半亭和远景假山流水。 西南角植芭蕉、紫竹，静观茂

林修竹，亭台隐现，绿好花红。

东部景观区分为南跨院与北跨院两区，北侧为长廊接建筑入户门头，门头砖雕取自文徵明《桃源问津图》，这也正是业主向往自然山水之境的写照。与砖雕相邻的一段长廊把狭长的东跨院一分为二。坐于廊槛，观南侧一扇月洞门，犹如取自主山的一幅框景；北观一株高大的白皮松依偎着独峰石，依托大树把有限的空间拔高。这样整个北侧围院层次更分明，空间上反而更显开阔了。

北部景观区相比东院更是狭长，主要满足功能需求。东侧连接风雨连廊便于雨天进出，借景东院。西侧是菜地，闲暇之余种些小菜，好生惬意。菜地边筑墙，屏蔽设备区的凌乱与嘈杂。

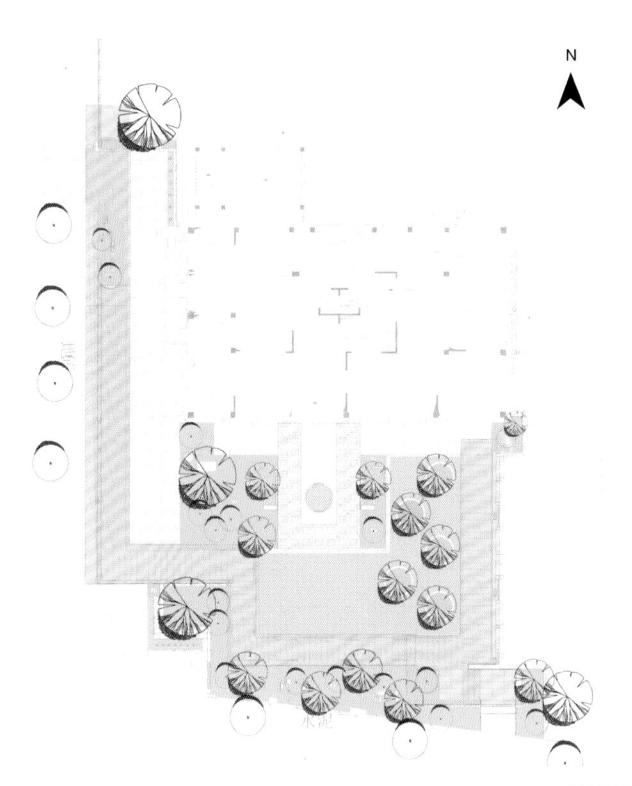

总平面图

真意樂山

叠泉居

项目风格：现代中式
项目面积：195 m^2
项目造价：80 万元
主案设计师：阮婷立
设计 / 施工单位：德清县阜溪街道又见设计事务所

一方小园，虽无大山大水，但若能容得下一轮暖阳变换、容得下几许风影摇曳，便能给居于此的业主带来些许的逸趣与安乐。

项目位于小区景观中心位置，场地周边有水景、休闲平台、花架、游步道，具备优越的景观休憩环境。因此景观设计在整体定位上，融入整个景观营造的设计理念，通过都市归家礼序与休闲度假式放松的相互融合，打造一个有温度、有想法、有格调的花园。

无水不成园。还未进入花园就听到潺潺水声，走进花园，转身便发现假山叠水正用它的霸气震慑着整个花园。花园的入口地面铺装采用了荷花浮雕图案石材，营造了古朴浓厚的新中式氛围。

门口的罗汉松与假山叠水后的罗汉松相互呼应，张开双臂，也有欢迎

业主归家之意。通过台阶的递进，移步异景，树影蝉鸣，仿佛远离了都市喧嚣的节奏，马上进入潺潺流水的山谷。整个庭院的核心区域便是这层层叠水，或细水长流，或蜿蜒叠落，人们对自然中溪流的向往，在庭院中得以表达，营造“明月松间照，清泉石上流”的意境。

通过弧形园路到达临河休闲平台，景墙整齐庄重，花坛温柔美好，一高一低，一刚一柔，既相互独立，又彼此关联，雪浪石铺设的景墙更是与假山叠水融为一体。

砂石、水景、石材、木材的相互配合，在平静且克制的基调中，形成了高雅悠然的生活空间。

错落式台阶与花坛形成组景，引领人们走向深处的庭院。傍晚加上灯带的渲染，自然又雅致。一侧的石榴与另一侧的羽毛枫呼应，花坛中与弧形绿化区进退有序的丰富花灌木，在光影的穿透下，既丰富了空间层次，又提升了居住者的生活体验。

下台阶后，通过趣味式弧形小路来到北院。北院以石材山形景墙为背景，夜晚灯光亮起，似一幅山景图的景墙成了整个北院的亮点。一旁的罗汉松、置石组景，加以植物球点缀，营造出平静奢华的氛围，也是对品质生活的追求。通过一侧的花园门，漫步经过林荫小道去向公共空间。

在这个花园里，植物的变化、水面的反射、光与影的穿梭，所有的角色都浸透出饱满的生命力，像夏日午后的云彩，或卷或舒。

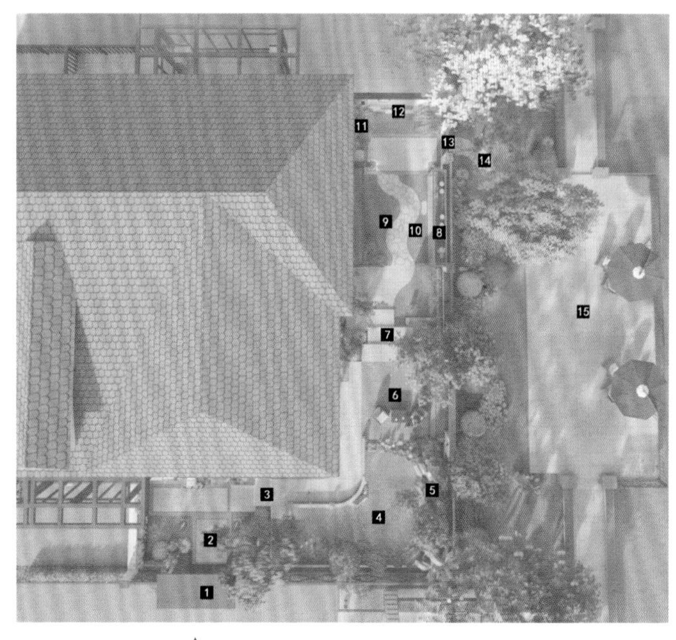

1. 入户门头
2. 浮雕铺装
3. 台阶
4. 鲤鱼池
5. 假山叠水
6. 临水平台
7. 错落式台阶
8. 铝合金花架
9. 设备间
10. 特色园路
11. 假山石
12. 特色景墙
13. 花园侧门
14. 林荫小道
15. 公共休闲平台

▲ 总平面图

时光知味，岁月沉香

项目风格：现代简约
项目面积：1500 m^2
项目造价：180 万元
主案设计师：朱伟国
设计 / 施工单位：东町景观

由于装修经验丰富，业主很注重设计细节。业主家里有两个小朋友和一条牧羊犬，小朋友在户外空间的运动量非常大，所以设计师在重新规划的时候，保留了一块非常大的完整草坪，将所有景观性和休闲性空间尽量靠边设计，留出足够的空间给小朋友和小狗活动。作为设计师，好的设计在于理解业主，了解他们的生活方式、他们对美学的喜好方向、他们对当前的空间有什么困扰以及未来需要什么样的空间来满足居住需求。

从总平面图上看，主体景观都是沿边设计的，中间区域改成了一片大的草地，孩子们可在花园里无忧地奔跑，感受花园的季节变化。

庭院大门的外观是不可以改动的，所以设计师只更换了门外面的绿植，这样跟庭院内的植物有呼应关系。整个庭院有两个入口，一个是供车辆通行、比较大的电动铁门，一个是人行通道小门，小门的位置刚好正对着庭院的主要景观空间。原始的门比较通透，设计师不希望路人在外面就对花园内部一览无余，所以设计了一道金属屏风。屏风的设计元素跟主空间的设计元素也是相呼应的，让整个空间的装饰元素达到统一。

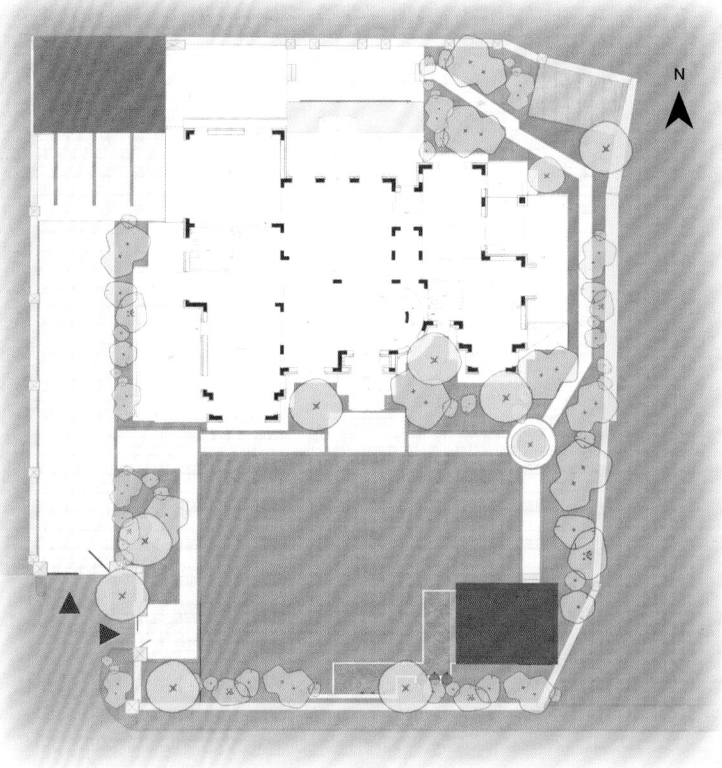

总平面图

缦之生活

项目风格：现代简约

项目面积：2000 m^2

项目造价：280 万元

主案设计师：朱伟国

设计 / 施工单位：东町景观

该项目是一个位于上海的独栋别墅，花园面积为 2000 m^2。花园从四面环绕着建筑，每个方位都有比较大的庭院空间。

花园划分成 6 个区域：休闲区、草坪区、运动区、娱乐区、前园、菜园。

一般情况下，业主回到家或在家休闲的时间多数在下午或傍晚，所以设计师在设计的时候，把主要的休闲空间落在西侧。

花园南侧的外部有一个比较大的公共景观空间，二楼的平台是非常好的观景位置。设计师在设计时，把二楼的露台放大了很多，这样视野就可以延展到庭院外，变得更加开阔。

在草坪的最南侧，把环绕草坪的园路铺设得略微宽了一些，形成一个休闲空间，放上户外家具，跟休闲区靠得很近，方便使用。

草坪的东侧是运动空间，用水景和花境做了软隔断。周围的路都非常平坦防滑，方便散步或运动。

水景采用了简单的色彩和结构，细节采用仿真水纹的造型，不管水景是否打开，都不会影响观景效果。

业主家有两个小朋友，业主希望庭院里有很多小朋友的活动空间，休息的时候可以和小朋友互动。因此设计师在一个比较重要的位置，设计了很大的篮球场。

这个篮球场设计其实蛮有挑战性的。因为篮球场很难做得很漂亮，它的景观性很强，使用了人造塑胶的地面材料，颜色相对来说也比较浮夸。

为了解决这个问题，在篮球场和大面积的草坪之间，设计师做了两个水系，旨在将这个篮球场融入景观之中。

在运动区旁边，设计师定制了一个小型的休闲平台，业主家人或者朋友在一起打篮球的时候，就有了一个可以休息和观看的地方。

设计师在娱乐区里做了一个树屋。树屋放在这个位置出于两方面的考虑：第一，希望它和篮球场形成一个整体的娱乐运动空间，让打篮球和在树屋玩耍可以有互动性；第二，这个区域旁边有篮球场，颜色比较跳跃，树屋做得较有童趣，在颜色上也是有呼应的。

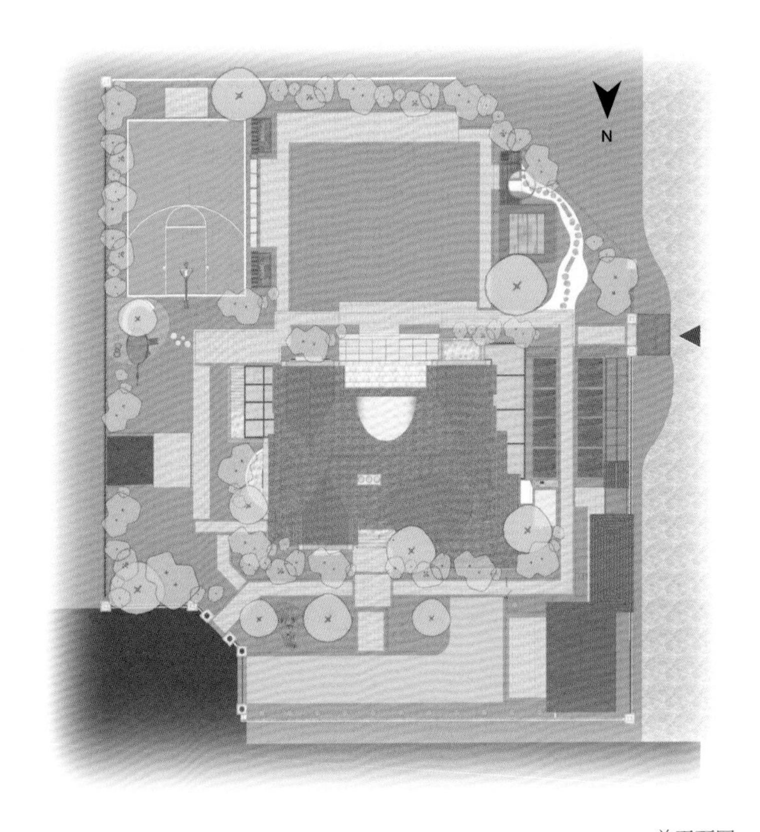

总平面图

悦趣园

项目风格：现代简约
项目面积：198 m^2
项目造价：70 万元
主案设计师：朱伟国
设计 / 施工单位：上海东町景观设计工程有限公司

花园现场有基本的活动路线，种植着大量植物，空间非常拥挤狭小，视觉上显得脏乱。方案中，以庭院空间作为中介来协调建筑与自然环境的关系，主要体现在建筑通过庭院式布局而产生一种“自然生长”的状态，利用庭院空间所具有的自然属性，将庭院与周围的自然环境连成一体，从而也将建筑融入自然环境中去。

在水景设计中，极简的线条、精致马赛克拼接、无边界自然水景等勾勒出整洁舒适的视觉效果。

主空间中，简洁的线条与明亮色系的石材打造出清新时尚感。

休闲区庭院内的平台、坡道、台阶与室内空间交叠、穿插，空间在多层次上出现交融与渗透。

不同标高的庭院与室内空间形成多层面、立体、全方位的连接方式，人们在其中不知不觉地穿行。庭院中的流水和大幅马赛克画面，让人们在行进过程中以不同视角观赏，从而创造出精彩的立体洄游式室外展示空间。

户外用餐区可以让业主在绿植环绕的院子里享受自然时光，闲时呼朋唤友，一起享用精致美食。

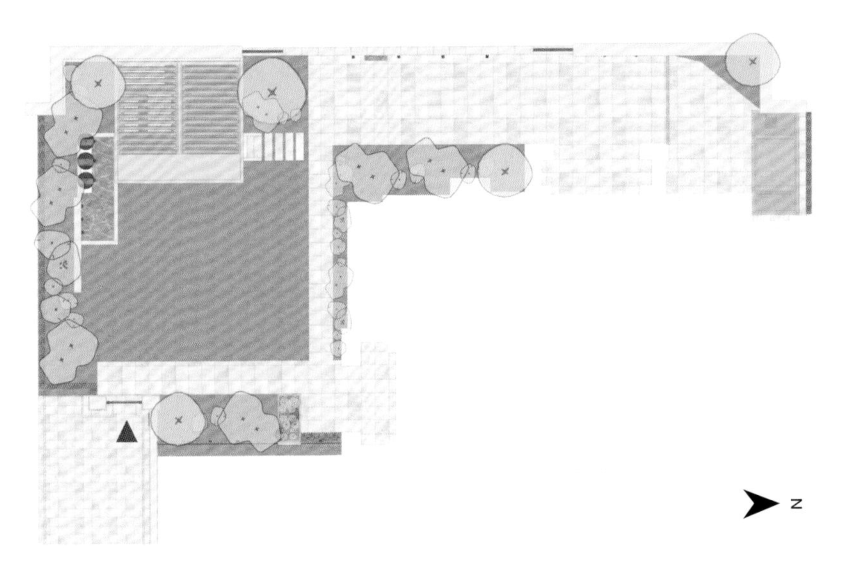

总平面图

沁和园

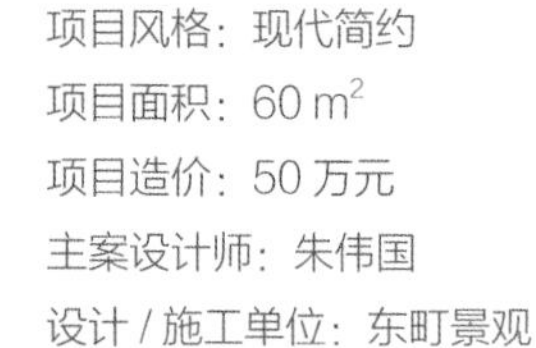

项目风格：现代简约
项目面积：60 m²
项目造价：50 万元
主案设计师：朱伟国
设计 / 施工单位：东町景观

此项目是位于上海的一个私家庭院，花园的位置比较特殊，在一个高层住宅的负一层，面积 60 m²。设计师在设计的时候，首先要化解高层差给人带来的压抑感，所以设计了阶梯状的种植区，旨在把景观做得层次感更强一点。

在这个 60 m² 的花园里，实现了办公、喝茶聊天、沐浴阳光、烧烤等功能。

花园体量不是很大，所以设计了修长的水景，在与室内空间形成串联的同时也不多占用花园的活动面积。

阶梯状的种植池把植物拉到立面上，使花园整体更富有生命力，利用高差化解了因花园位置造成的压抑感。

阳光房一面靠墙，一面连通室内，与室内形成良好的互动。由于高差的地理位置，另一个阶梯式的植物花境区设计了特别的漏景，使人的视野更通达，也有很好的景观价值。

花园因为水系的加入显得非常灵动。这个水系设计得颇有巧思，从西端的小涌泉注满整条小水渠，到东端水景墙立面流出，汇集到水池，串联到整个空间。

效果图

童趣花园银亿领墅

项目风格：现代简约、混搭
项目面积：234 m²
项目造价：50 万元
主案设计师：朱伟国
设计 / 施工单位：东町景观

这是个花园改造项目，现场有一些设施，整体是比较传统的现代风格，美观度及实用度不高，设施相对老旧。业主对花园的需求很清晰，要充分利用其面积大的优势，将花园的美好生活填满，满足家庭休闲及观赏性需求。

区域划分：前院、侧院、后院。后院划分：沙发区、儿童区、水景区、植物区。

后院空间是整个空间的主花园区，占地最大，面朝阳光，为现代简约风格，景观动线划分清晰，私密与共享空间并存。后院拥有收放有序的节奏变化，整个空间过渡自然，带给人不同的感受。晚上的灯光柔和明亮，花园在其映照之下显得更加好看。

前院空间的入户门厅是室内与室外空间的过渡，不仅有安全、易通过这些实用性能，而且为来访者提供舒适有趣的氛围，是一处赏心悦目、可放松身心的空间。

入户花园位置的光线不是很足，所以采用了自然式的风格。仿佛无意间闯入了世外桃源，没有闹市的喧嚣，这样的氛围使业主感到放松、惬意。

沙发和操作台都是定制的，悬空

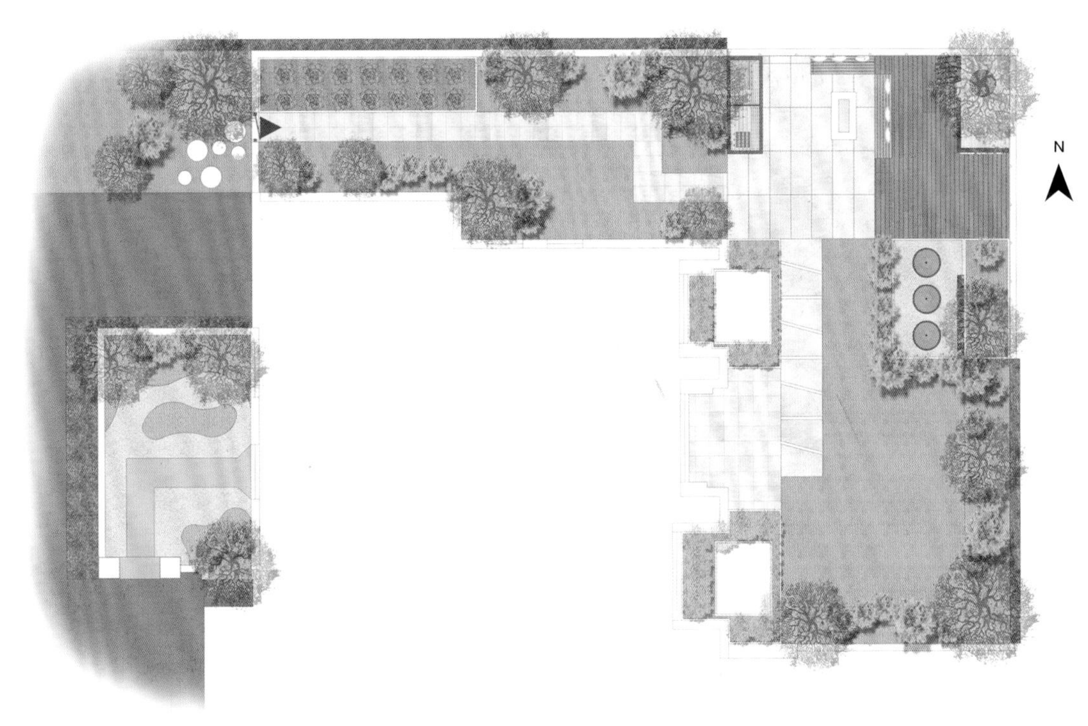

总平面图

设计的座椅不易积灰，方便打理。侧院是一个预留空间，目前一部分做了菜地，还有一个储物的小亭子，其余地方都是草地。后期如果菜地种得好，应该会扩大规模，毕竟自己种的菜好吃又健康。

花园一角有一个十分可爱的小木屋，是一个独属于孩子们的私密角落。小木屋的结构十分简单，整体上是架空的，可以防潮，整体框架以防腐木搭建。它就像花园里的一个开放剧场，孩子们可以在里面学习、玩耍、做手工，度过在家的闲暇时光。

时光缱绻

项目风格：现代简约
项目面积：650 m^2
项目造价：160 万元
主案设计师：姚益慰
助理设计师：陶涛
设计 / 施工单位：杭州壹生造园景观设计工程有限公司

这座庭院坐落于美丽的千岛湖畔，依山傍水，每个空间都能看到美丽的千岛湖，浮岚暖翠，水天一色。业主是一对奉行极简主义的年轻夫妇，希望在快节奏的都市生活中拥有一个让内心安定的精神家园。

原始场地为一个长 45 m、宽 14 m 的标准矩形场所，北高南低。设计师利用原场地空间的高差，在场地中间设置了一块下沉空间，打破了原本稍显单一的矩形空间，增添了空间的趣味性和动线的灵动性；同时解决了居所地下空间的采光与通风问题，增强了地下居所空间的实用性。

下沉中庭设置水景与休闲功能区块，衍生一个相对私密、富有安全感的互动空间。中庭栽植了一株高 6 m 的紫薇，让下沉空间与上层庭院及建筑三者间产生联系，业主与家人在居所的各个空间、各个角度都可以体会景观的变化，感受时间与光影的流动位移。

业主不希望住宅空间与庭院有太明显的界限与分割，想要整个居所（包括庭园）都是统一的。故此，在北侧的庭院西面构建了一方从居所内部茶室延伸出的茶庭空间，使住宅空间与庭院做到完整的统一，借茶庭的自然景观，在居所内部感受四季变化的自然之美。

除了慢节奏的茶庭空间外，东面平台上内嵌一座成品泳池，是一个戏

1. 庭院入口
2. 艺术园路
3. 汀步
4. 大板园路
5. 上层休憩平台
6. 艺术矮墙
7. 木平台
8. 现代景石景观
9. 镂空景墙
10. 成品覆盖泳池
11. 艺术拼接铺装
12. 格栅
13. 大板台阶
14. 楼梯
15. 花坛
16. 艺术流水花池
17. 镜面水池
18. 户外坐凳
19. 阳光草坪
20. 花钵组景
21. 艺术园路
22. 端景植物
23. 大板台阶
24. 景观亭
25. 生态菜地
26. 食用鱼池

总平面图

水、游泳、水疗的活动空间，满足了业主观湖景做水疗的度假生活需求。

如何把居所的庭院景观完美地融入千岛湖秀丽的自然湖景中，是设计师在南侧场地考虑的最关键的问题。南园的南端布置了一处抬升的景观亭（内部设有操作台，具备用餐与喝茶功能），更好地扩展了观湖的视野。景观亭选用了细沙般纯净的白色，与“光”对话，感受它倾泻而下，赐予人们入怀的温暖与内心的富足。

景观亭东面为生态菜地，业主女儿可以在这里学习园艺技能、体验自给自足的实践。其余空间为大面积的仿真草坪，是一处运动、聚会及亲近自然的活动空间。

理想花园

项目风格：现代简约、禅意、自然式
项目面积：95 m^2
项目造价：32 万元
主案设计师：刘淼燕
设计 / 施工单位：悠境景观设计工程（常州）有限公司

春夏赏花，秋看落叶，冬沐暖阳，四季明朗。花园让人远离喧嚣，尽享怡然时光。本案花园被划分为南北两个独立院落，南院兼具使用功能与观赏性，北院则以木平台和日式枯山水景观为主，两者相辅相成，呈现庭院多样风格的高级美感。

南院，且听自然絮语

南院承载了生活的闲致意趣，信步其间，阳光充足。业主欲拥有一处自由放松之地，于是设计师将这里作为主要的休闲活动区。灰色铝合金院门门头搭配同色系围墙栏杆打开花园风格属性，悬浮木平台、自然石景墙、挑空坐凳、规则花池、自然形鱼池等兼具观赏与实用功能，演绎出一种现代而隐秘的生活方式。

鱼池水景与自然汀步石、鸟屋共同构建趣味横生的空间。在花园里穿梭，如同进入世外桃源。聚会休闲空间能容纳一桌六椅，实用性极强，有效的功能区分让花园空间与居住空间相辅相成，成为园主生活空间的有效延伸。

还有一些巧妙的设计藏匿于细节中。设计师用操作台柜体替代楼梯栏杆，让花园里的石英砖、老石板与北欧木地板相互碰撞又相互融合，共生共存，不仅具有美感，而且十分耐用。

鸟瞰效果图

北院，触摸日式温度

不同于南院，北院面积不大，以观赏景观为主。在植物的搭配上，设计师选择高低不同、形态各异的植物进行造景，羽毛枫、黑松、黄金香柳、龟甲冬青球、红花继木球、紫叶小檗球等相映成趣，引人遐想。此时且听风吟，且听树吟，且听花草絮语。

偏日式风格的北院，以木平台、枯山水景观为主，保持和自然对视的坐望感。敬畏自然的一切，内心得到深刻的淬炼。花园被植物温柔拥抱，生活被花园赋予新生。庭院幽深，其存在足以让奔波的身体和疲惫的心灵得到歇息和慰藉。

紫云台现代禅意花园

项目风格：现代简约
项目面积：240 m^2
项目造价：35 万元
主案设计师：严小林、袁玲玲
设计 / 施工单位：重庆山千景园林景观工程有限公司

园居生活是人与自然对话的一种最浪漫的生活方式。从某种角度来说，家庭，即有家、有庭，所以人与园本身就是密不可分的存在。

此园为改造花园，位于重庆市北碚区紫云台千山阅小区。本案设计师接手之前，业主找了其他花园设计公司，施工进行到中后期时发现不对，然后找到设计师寻求挽救方案。通过与业主充分沟通并梳理现场的已有条件，本着在客户需求、现场条件及改造代价中寻找平衡的原则，设计师保留了部分改造成本较大的水池结构、廊道、亭子等，对其他部分进行了升级改造。

针对业主喜欢简约禅意而精于细节的庭院生活方式，设计师用现代结合禅意的手法，将建筑室内空间和室外景观有机结合，打造了一个符合现代生活方式的禅意庭院景观。整体花园分为入户门厅景观、走廊过渡空间以及居家休闲景观。

入户院门处可窥见院内景观，让人产生探幽的欲望。以框景的手法塑造入口景观，在长廊上可见中式镂空景墙透露出飘枝枫树，强化了枫树的

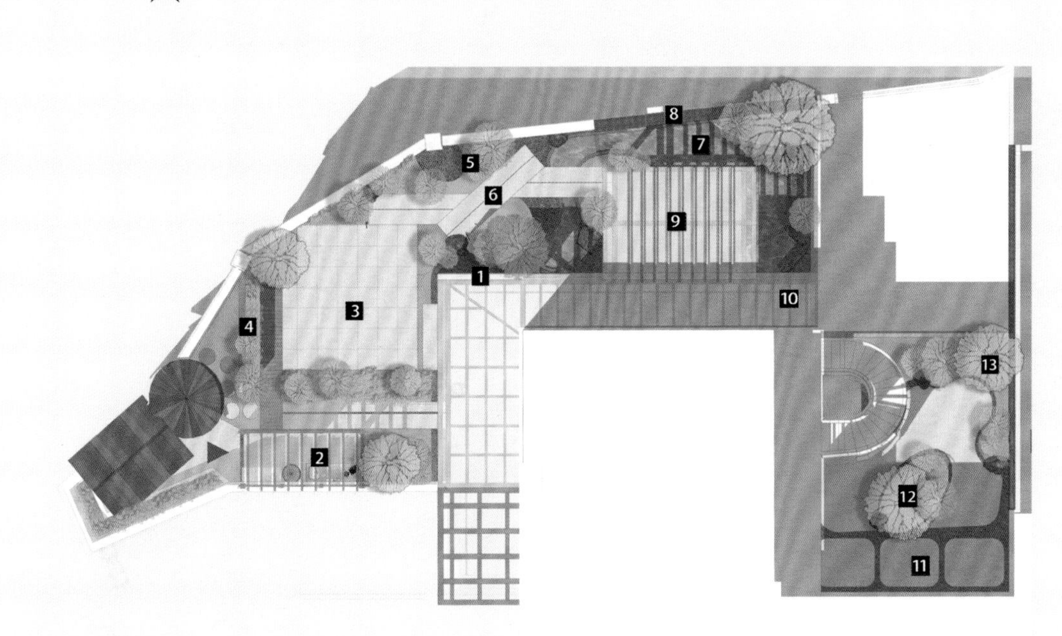

1. 花园造型景墙
2. 洗衣区
3. 休闲平台
4. 造型挡墙
5. 造型植物
6. 汀步
7. 造型水池
8. 造型流水景墙
9. 户外休闲亭
10. 走廊铺装造型
11. 造型汀步
12. 休闲景观区
13. 植物造景

总平面图

造景效果。镂空景墙让院子更加透气、透光，形成斑驳的光影效果。同时墙体本身也采用无拼接的水洗石，显得干净简洁，不与主体枫树抢风头，传达了一种宁静的意境。

从室内会客厅走出来，迎面而来的是朴素的流水墙流向水池的跌水，门外是休闲凉亭，在此可观景、可休闲，潺潺流水声给人带来宁静淳朴、回归自然的感觉。天气晴好的日子，在此处或睡觉休憩、或喝茶看书，足不出户就能享受园居生活的惬意。

相对前院的宁静与生气并存，合院区域则更加富有禅意，用现代抽象的手法提取禅意的文化内涵：纯粹干净的白色地面采用曲线块面造型，黑色散石边线象征着大海及海浪；高出地面的地形上面覆盖着青苔、蕨类、球状植物和黑色山石，象征着大陆孤岛。一院一景，一树一菩提，删除任何多余的元素，亦如人生，减少欲望、回归内心，达到精神自由。

和光园

项目风格：现代简约
项目面积：255 m^2
项目造价：42.3 万元
主案设计师：魏雪然
设计 / 施工单位：合肥大观园园林工程有限公司

项目为东边户“コ”形庭院，面积为 255 m^2。庭院南北侧均可进入宅内。景观从花园入户开始，随着在庭园里的行动路线展开，将自然景观通过窗景的互动引入宅内。庭园也由花园入户开始，跟随室内空间的功能展开功能区域分布，在满足使用方便和优化室内对外景观视线的基础上布局。

位于南院中心的景观墙， 承载了入户、客厅、休闲亭这三面的观景。将室外景观融合进室内，并用景观墙的形式遮挡对面邻居大门。

休闲亭位于庭院东南角，边界种植竹子，用三年左右时间竹子会长成一面绿墙，这样的庭院边界虚实有度。坐在亭内可以看到南院及东院全景，视野开阔。

在邻居家都没有修建高院墙的前提下，设计师采用将生活休闲区下沉的方式，弱化院墙存在感。

侧院以开敞的草坪、步道和边界组栽植物展开，视野开阔。侧院两端分别是抬高一级台阶的休闲亭平台和下沉一级台阶的下沉休闲区，可以实现视觉上层级的递进及丰富的行走体验。

下沉休闲区作为户外就餐区，距离室内餐厨空间非常近，方便就餐备餐。另外设置户外操作台，拥有超大

水斗、可以容纳十人以上聚餐的平台空间及固定坐凳，即使再多的人聚餐也不会拥挤。

北院入户门紧挨室内餐厨空间，在北院设置“DIY 种植区”，方便采摘、清理。对于邻居家砌筑的长墙面，用廊架搭配攀藤的形式进行美化。大宅配备的设备通常占地比较大，通过排状布置，统一设置工具间，可以达到视觉上弱化设备间体积的效果。还设置了高 20 cm 的防水台和方便快速排水的铺面，保障设备没有被水淹的风险。

夜晚的灯光以指引灯和氛围灯为主，温柔且有氛围。灯光下植物的光影是独属于夜晚的风景。

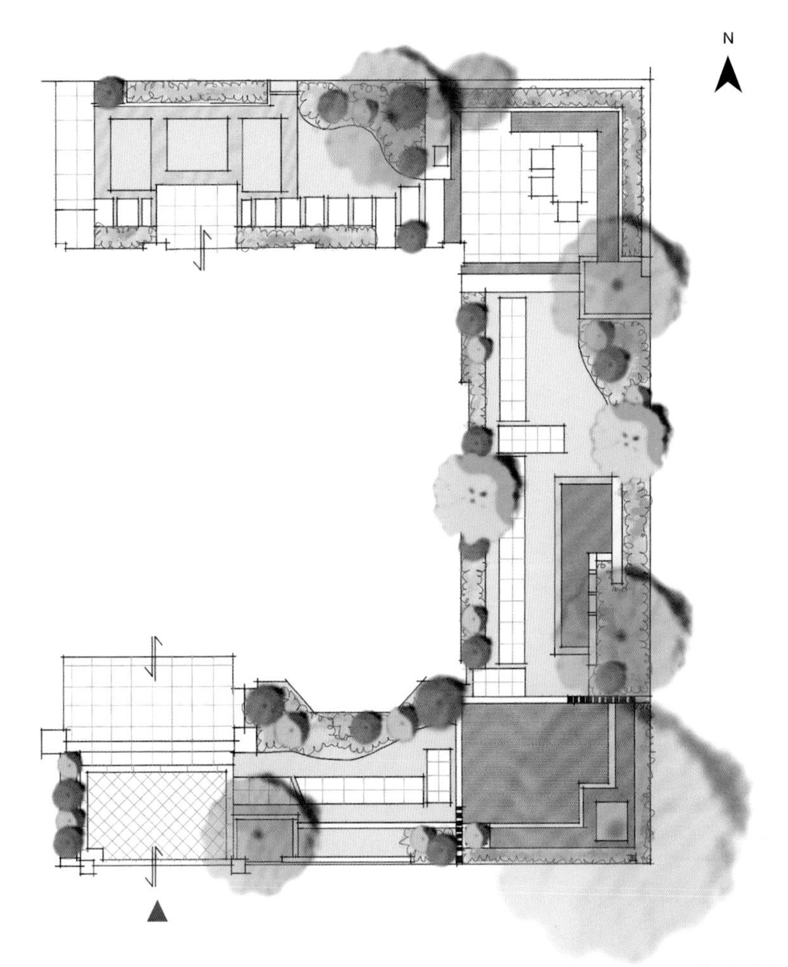

总平面图

林深见鹿

项目风格：现代简约
项目面积：300 m^2
项目造价：80 万元
主案设计师：宋海波
设计 / 施工单位：苏州纵合横空间景观设计有限公司

本案坐落于上海，上海是一座忙碌而有朝气的城市，就是在这样的一座城市里，业主找到了本案设计师，之后便有了这沓设计稿，有了这座花园。

花园占地 300 m^2，前院、后院、侧院三面环绕着建筑，整体建筑风格也是融创一贯秉承的。在这样的空间里营造出来的花园，与环境浑然一体又格调十足。

面对客厅面宽 7 m 的开间移门，设计师在花园正南方做了一组景观跌水与锦鲤鱼池的组合式造景。水系分为两路：一路为净化仓体的过滤循环，用来保障锦鲤鱼池的水质条件；一路为景墙流水幕布，以便为庭院氛围造势。通过悬挑跌水池与流水矮景墙的建构设计，将原本高耸而孤立的院落围栏变得丰富而有层次感。

在东南角落，孤植了一棵造型优美的老石榴树，枝干遒劲有力，夏末秋初，石榴便挂满整个枝头。旁边是优雅的水吧台及户外就餐区，在这个区域可纵观整个南院的景观，同时与檐下的户外客厅区形成视线上的交织与互动。

精心打造的鹿饮水雕塑坐落在水池边上，小鹿探头饮水，给这个空间添上浓墨重彩的一笔。万般寻鹿，而

鹿恰在手边，溪恰在脚下……

相较于南院的大气与洒脱，北院则是静谧而温婉。在不大的空间里，种植了数十种盆景枫树，在不同的时间点展示着各自特有的气质。同时，地面上一条丝带般的铺装，也给这幅争奇斗艳的场景增添了几分唯美。

西侧院主要起到连接南北院落的功能，狭长而富有变化。利用序列性的景观营造与变换性的曲径通幽来达到“人在画中游”的理想氛围，实现游园之乐。

古人说，要寻鹿，则需走到林深处。如今，在这座花园里，设计师希望它便是业主心中的桃花源，纵使身处最为忙碌的“魔都”，也能拥有属于自己的神秘理想园。

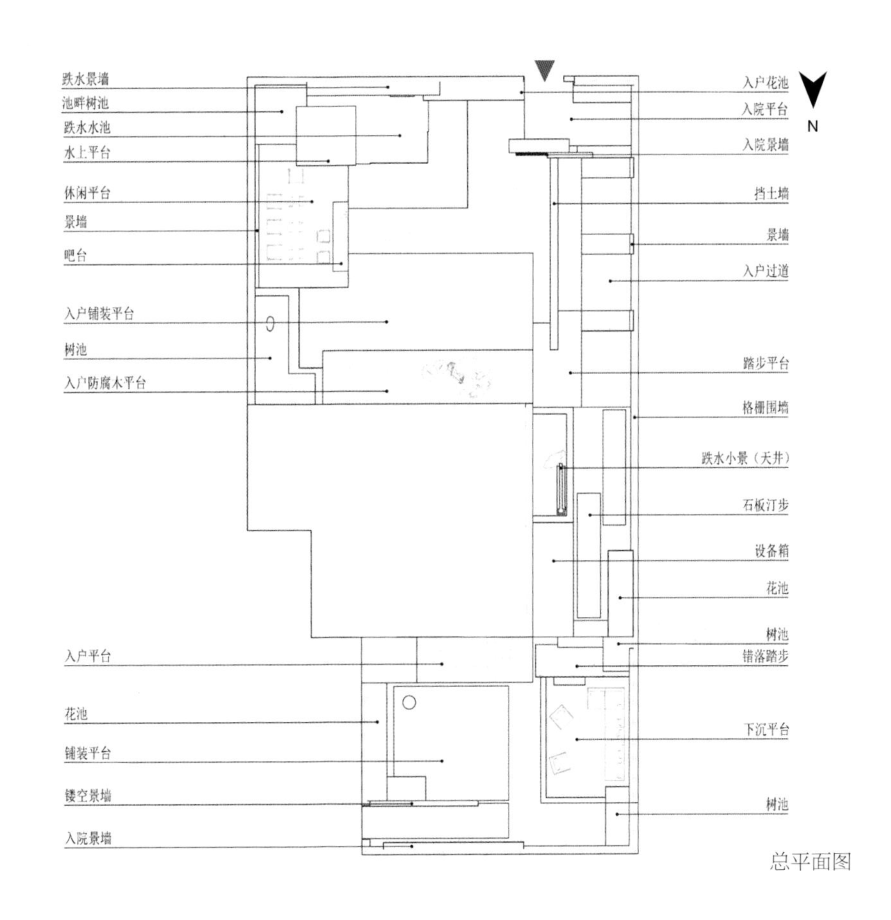

总平面图

大宁金茂府玉兔园

项目风格：现代简约
项目面积：260 m^2
项目造价：80 万元
主案设计师：朱伟国
设计 / 施工单位：东町景观

每个庭院空间内都会设计主要的休闲区。在本案中，设计师设计了一个下沉的休闲区，整个空间的层次感更加强烈。花园里还有一条小路，一直延伸到花园的各个角落。如果光着脚丫在这里走，你会觉得好像有人在帮你按摩，舒舒服服的。

花园设计要重视观赏植物配置，首先必须符合因地制宜、顺应自然的原则，并考虑到长远效果。

阳光下的美丽花园，在夜晚的灯光照射下别具一番风味。在自然环境中观赏被灯光照亮的植物，眼睛的睫状肌会获得伸展，人们会有一种舒适和温馨的感觉。照亮庭院草皮和树木的灯光亮度要适中，过亮会感到刺眼。

每一个庭院内都会设计水系，灯光和流水的结合让整个空间变得非常有趣。

不同植物进行搭配种植，使花园富有景观层次与色彩变化，衬托出鲜艳的花朵与悠闲的草坪。考虑到花园四季的景观，调配更迭不断的花色，营造梦幻的气氛。

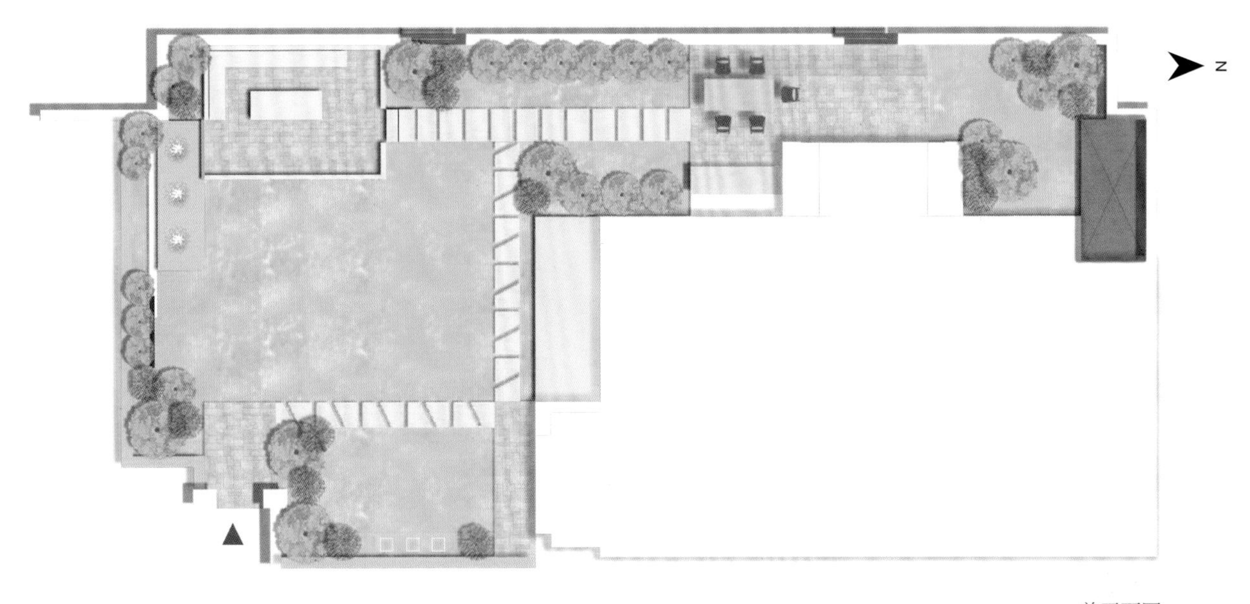

总平面图

檀宫·繁梦园

项目风格：现代简约
项目面积：200 m²
项目造价：55 万元
设计师：曹雅琪
设计 / 施工单位：宁波棠坞营造园林工程有限公司

庭：郁树葱荣，繁花入梦

家是承托心灵的归宿，而庭院是梦开出花来的地方。要岁月静好，要嬉笑喧闹；要花开四季的芬芳，要枝繁叶茂下的阴凉。时光在花瓣凋落、树叶泛黄中缓缓流逝，化作美的回忆入梦心田。景观语言表达的形式无须过多，更多的是让人感受内心深处与自然融为一体的安逸。

廊：赏雨听风，光阴悠悠

庭前花开花落，天上云卷云舒。晴时院里看书喝茶，雨时亭下观雨听风，喧嚣与急躁皆在方寸之外，悠悠岁月皆是触手可及的风景与浪漫。

台：会朋聚友，笑语连连

欢聚的笑声随夕阳散落在台面上，孩子跑动的脚步声回荡在小院里。平台作为庭院占地面积最大的功能空间，是日常生活中使用频率最高的部分，不论是家庭会客聚友、日常聚餐，还是孩子放学后和假日里的活动玩耍，抑或是闲时的散步休闲和平日里的晾晒，都可以在平台上轻松完成。

水：叮咚似乐，风起云动

见松影晃动，映流云漫卷，显风的形状，留驻天的颜色。水是活力、是灵动，给静的院子带来动的趣味。水既是水，也是万物，它倒映着蓝天树影，层层的水波让风有了形状。

树：苍郁挺拔，四时如友

园中儿时种下的树现已亭亭如盖，见证着悠悠岁月和家的成长。树木是光阴的刻度，在无声的变化成长中，迸发出时间的力量，保留一载又一载

的记忆，如四时之友，长久相伴。加入光的元素后，树影便成了院子里另一道独特的风景，风吹影动，摇曳生姿。

花：明艳带露，繁茂葱荣

庭院深深白日斜，绿荫满地又飞花。庭院，成全生活的理想，把普通的日子过成诗，抵挡住岁月中的庸碌与平凡。庭院的气质，沉淀在一砖一墙的空间布局中，融合在一树一花的繁茂葱荣中，犹如诗句的起承转合，丝丝入扣，动人心弦。

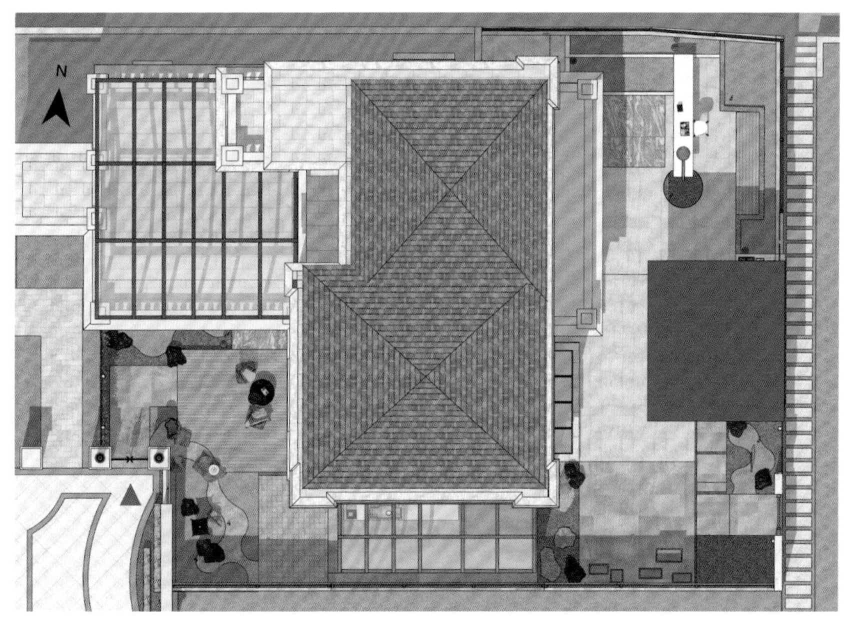

总平面图

梦语 18 花园

项目风格：法式
项目面积：1910 m²
项目造价：500 万元
主案设计师：王瑞立
设计 / 施工单位：杭州云杉庭园设计工程有限公司

项目位于杭州市之江路的一处别墅区，建筑风格是较为典雅庄重的欧式建筑。设计师考虑到建筑外立面的风格，以及业主的生活需求，以庭院空间作为介质来协调建筑与自然环境的关系。在设计中不仅仅关注平面的构图及功能分区，同时注重平衡与比例关系，强调轴线景观序列，讲究对称及仪式感，在追求美观舒适的同时把法式古典的艺术情调与现代实际生活需求相结合，营造出庄重、整齐、幽雅及韵味十足的法式花园。

人行院门入口，贴面石材采用极具质感的罗曼米黄石材配低调的金属院门，与建筑相互映。植物的对称栽植，兼顾了仪式感和法式风格特有的古典美。入口精致的铺装纹样与主体建筑相得益彰，入口对面设景墙，让主人体验到入户的尊贵感。

深入园中，园路边是层次分明的植物景观，修剪整齐的绿篱和灌木，配合阵列式的种植手法营造出一种秩序美。满院的植物随着季节的变换，景观也在变迁，无论从哪个角度都能获得令人愉悦的立体视觉效果。光影营造出宁静舒适的氛围，在其中驻足、观赏、走动，恰到好处的自然感与秩序感，传递着柔和稳定的情绪。

园路中间的水钵为静谧的花园增添了一丝灵动。沿着园路前行，植物花镜带来自然的气息。曲折回转中，可感受生活与绿意的雅致，期待遇见

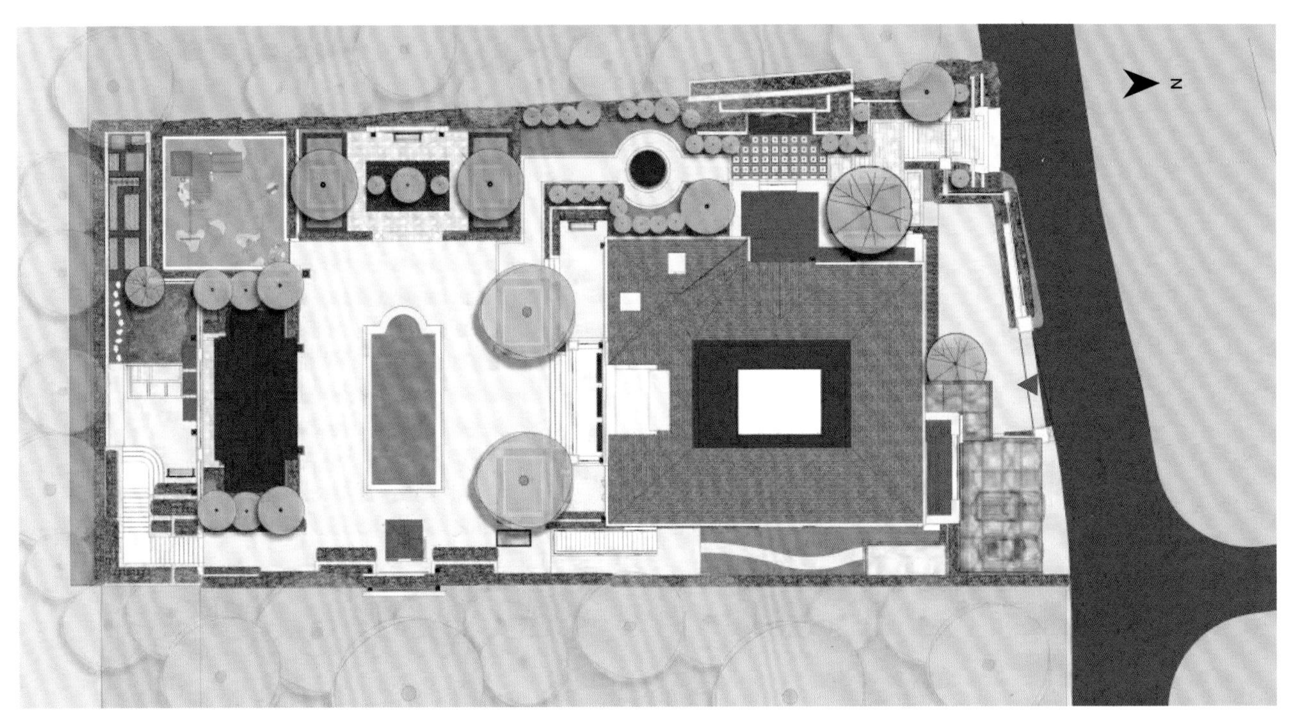

总平面图

明媚的春景。

建筑主体正前方的长方形泳池，是纵向和横向景观轴线的焦点，泳池作为花园的中心景观，周边大面积的硬质铺装满足各个方向的通行要求，在泳池边设休闲躺椅，给人充分的休闲感和舒适感。

欧式凉亭作为建筑的外延空间，是主人最喜欢的户外餐厅和客厅区。有超长规格的料理台，也可以在这里品酒喝茶。处处皆仪式，所见皆舒适。

建筑下沉区是连接花园与建筑的重要空间，阶梯和花坛相结合的方式丰富了空间层次，让花园更显活泼俏皮，浪漫温馨。罗曼米黄石材的运用，增加了花园的庄重感和浪漫氛围。水景旁大块且形态各异的石块进行堆砌，打造成独特的水景岩石景观，配合自然式植物种植手法制造出一种野趣美。

花园故事

项目风格：自然山水
项目面积：1200 m^2
项目造价：300 万元
主案设计师：姚益慰
助理设计师：俞泽
设计 / 施工单位：杭州壹生造园景观设计工程有限公司

第一个故事，关于春天

这里有一座庭院。

业主希望拥有一处属于自己的归园田居，让他可以和树木交谈，在蜜蜂的嗡嗡声中回忆自己的童年。

因此，在这座花园里，草木与夕露相遇了。

造园师运来 100 吨景石，按照传统浙派山水形式将其点置于庭院中。在浙派山水造园的认知中，坚信石块本身选择了自己的所处之地。废弃的空地消失了，啁啾的鸟鸣在空中回响。

此乃开始。

第二个故事，关于夏天

阳光下，超过 200 个居住在庭院中的生物悠悠转醒，有杜鹃花、樱花、黑松、羽毛枫、紫薇、蜡梅……

树下是一汪景观池水，锦鲤和乌龟在其中游弋玩耍。

每个花园中的“居民”都遵循着属于自己的法则，它们聚在一起形成一个生态系统。

此为和谐。

第三个故事，关于秋天

天气转凉，叶片凋零，雕塑景石逐渐成为花园的主角。雕塑景石与其他曾经隐藏在树丛中的艺术品纷纷现身，相互呼应。湖水在秋风下荡漾。

此乃艺术。

第四个故事，关于冬天

没有比“寂静”一词更适合用来形容冬天的花园了。

万物沉眠，等待着在下一个春天苏醒。

此为美。

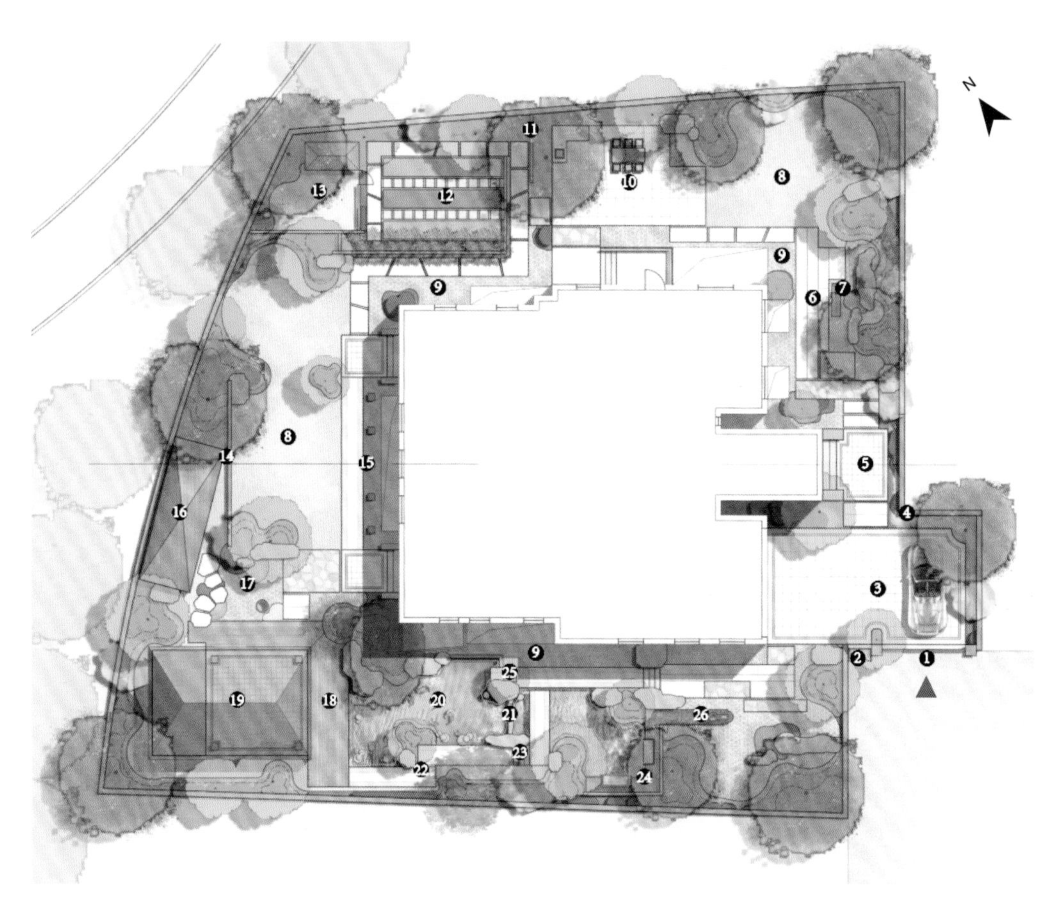

1. 车行入口
2. 人行入口
3. 停车铺装
4. 艺术景墙
5. 明堂铺装
6. 日式铺装
7. 老石槽
8. 阳光草坪
9. 卵石滩
10. 户外休闲区
11. 竹篱笆
12. 生态菜园
13. 家禽区
14. 对景墙
15. 景观小品
16. 原有设备房
17. 日式枯景
18. 亲水木平台
19. 景观亭
20. 锦鲤鱼池
21. 跌水
22. 园路
23. 台阶踏步
24. 景观流水台
25. 园路端景
26. 禅意流水

总平面图

棕榈泉花园

项目风格：自然式
项目面积：800 m^2
主案设计师：叶科
助理设计师：刘海燕
设计 / 施工单位：重庆和汇澜庭景观设计工程有限公司

设计师从场地效果和感官美学出发，结合业主的功能需求，通过对这片空间的重塑，传递人们对美好花园生活的向往——闲适、优雅、充满质感。

设计师将现代和自然风格相融作为花园的风格基调，打造出生活与功能并重、仪式感与休闲时光共融的高品质生活家园，一同邂逅美好花园时光。

本案例分区鲜明，富有特色，有草坪、汀步、假山、茶亭、锦鲤池……信步游园，看树影斑驳，听水声潺潺，闻花草芬芳。

草木之间，景色自现

如果说墙砖瓦篱能明确空间的界限，那么花草树木便能赋予这些空间以灵魂，植物的亲切与柔软拉近了人与自然的距离。设计师以锦鲤池为引，泰山石围绕其构建描点，其中穿插灌木丛作点缀，青墨色的石块与翠绿的草地相互交错，创造出大自然的自然变化质感，带来至美感官享受。

锦鲤浮沉，繁华尽显

锦鲤因寓意吉祥、生性温和、易饲养等特点，一直深受大众的喜爱。设计师将锦鲤池安置在花园中央，完美回应业主的期待。踱步其间，以观动静，静则池水清明，锦鲤骤停，飘忽间尽显空灵；动则水花飞溅，鲤跃欢腾，起伏间若舞翩翩。

沏茶问春，悠然漫享

城市很大，生活匆匆。对于奔波于车水马龙间的都市人来说，或许早已厌倦了这样的疲于奔命，而这正是设计师打造这一茶室的初衷——寻得一寸清明台，可享时岁静流连。这是一个集坐、观、感、赏于一体的独特空间。静坐其间，可享氛围之静谧，观花簇之多娇，感榆乔之劲俏，赏锦鲤之灵动。一盏清茗，品味惬意；一本佳著，阅尽芳华。微风轻拂，树影斑驳。于这花鸟虫鱼之间，尽享静谧又美好的时光，感受自然的温度，探寻生活的真谛。

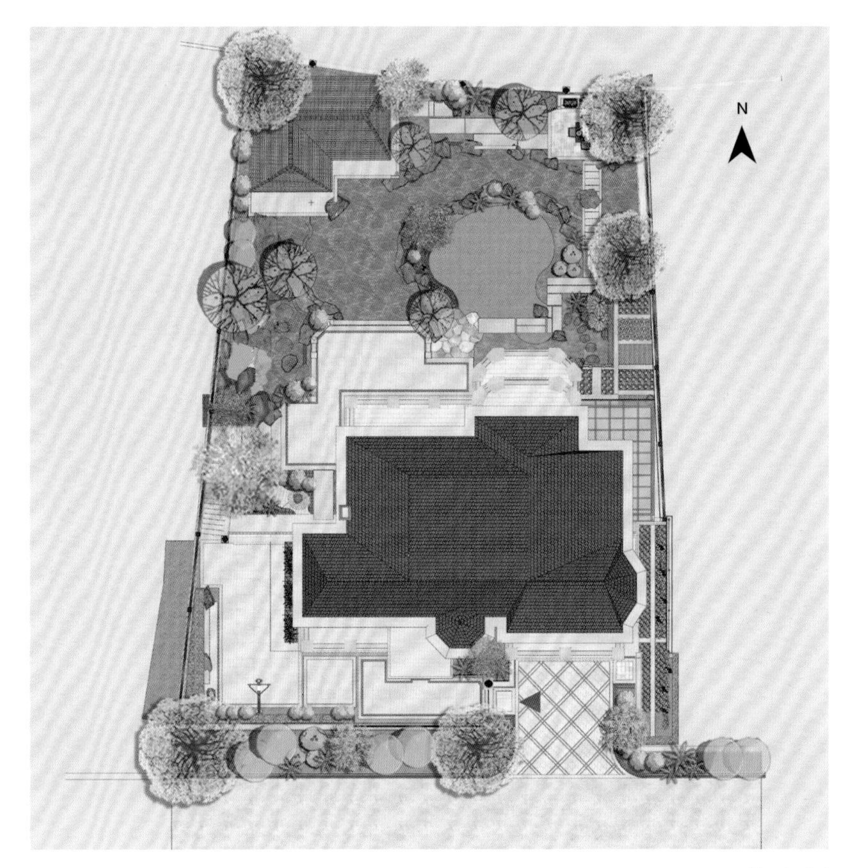

总平面图

我想把月亮送给女儿

项目风格：山水式
项目面积：320 m^2
项目造价：150 万元
主案设计师：姚益慰
助理设计师：周涟涟
设计 / 施工单位：杭州壹生造园景观设计工程有限公司

“我想把月亮送给女儿。”温柔而美好的心愿击中了设计师内心最柔软的角落。就像本案业主对小女儿的爱一般，希望庭院也用坚强的力量保护着他们小小的月亮。

本案坐落于浙江义乌，这里高楼林立、远离自然，因此，设计师希望以“山谷的森林”为概念为该居所打造自然生态的景观。项目包含了种类丰富的层次空间：负一层的观鱼空间——月亮花园；负二层的树屋空间——山谷树屋；一层的小憩平台以及顶层的空中花园——派对山丘。

居所的负一层空间中，富有现代山水意境的庭院欢迎所有家庭成员和前来的客人。庭院中布置有月亮水景墙、水幕叠瀑、锦鲤鱼池、“七巧板”台阶，以及一处观鱼平台，让观者在自然山水的环绕中进入居所内部茶室，品茗观景，体会现代自然山水意境的静谧与闲适。

负二层的中庭空间以一棵巨大的树及树上的树屋和滑梯的形式呈现出来，为居住在这里的小朋友及其朋友们创造出理想的聚会游玩场所。

1. 花园入口
2. 入口艺术拼接铺装
3. 大板台阶
4. 悬空楼梯
5. 休闲平台
6. 大板园路
7. 流水口
8. 艺术景墙
9. 浅水池
10. 现代跌水口
11. 浮水园路
12. 台阶
13. 亲水园路
14. 锦鲤鱼池
15. 亲水木平台
16. 沙生植物种植区
17. 楼梯
18. 泳池
19. 休闲木平台
20. 菜地

鸟瞰效果图

中联悦江山

项目风格：现代简约
项目面积：70 m^2
项目造价：16.8 万元
主案设计师：许佳
设计 / 施工单位：后生造园设计工作室

接到地产商邀约时，已是销售尾盘阶段，甲方的要求是通过样板花园吸引客群来清盘。这几年市面上的底叠花园比较多，面积都不大，主打改善型，成了购房的亮点，一般都比较好卖。本案户型比较少见，呈 T 形布局，前后院都很小，总面积只有 70 m^2。与甲方确定了目标客群，年龄是 30 ~ 40 岁带小孩的年轻业主，现代简约、低维护的花园是他们的首选。如何让花园在满足功能需求的同时视觉感更好，是设计师首先需要考虑的。

原场地比较平整，由于建筑结构的原因，花园的前院离建筑 5 m 远，阳台挑出 1.8 m，下面铺的是木地板，外侧铺草坪，外围用矮绿篱围合，后院同样挑出 2 m 多，草坪铺地，窨井裸露。花园前后院没有设置任何休闲区，没有功能区划，也没有私密性，客户更没有代入感。看完场地现状，设计师将前院定位为户外会客以及儿童活动的地方，后院离餐厅较近，则定位为户外就餐及休闲种植区域。

在前院，利用挑出的阳台，将室内的空间纳入花园空间，阳台下方西

侧作为儿童活动区域，立面用芬兰木封板，再挂上小黑板，摆上玩具帐篷。东侧设置岩板操作台，立面挂上置物架。户外休闲区设置为下沉空间，将水景、坐凳、花池相结合，在提高空间利用率的同时将小花园的层次做出来了。暖色的灯带贯穿台阶、花池、坐凳，让夜晚的花园有家的温暖，简约的流水景更为小花园增添了几丝灵动。木格栅围合花园，上有藤本植物攀爬，与花园融为一体。

在后院，利用芬兰木背板将管道隐藏，设置坐凳花池，简洁清爽，可以容纳多人就餐。木地板下面隐藏了窨井，延伸到东侧吊篮平台处。黑色金属种植框与前院水景材质呼应。

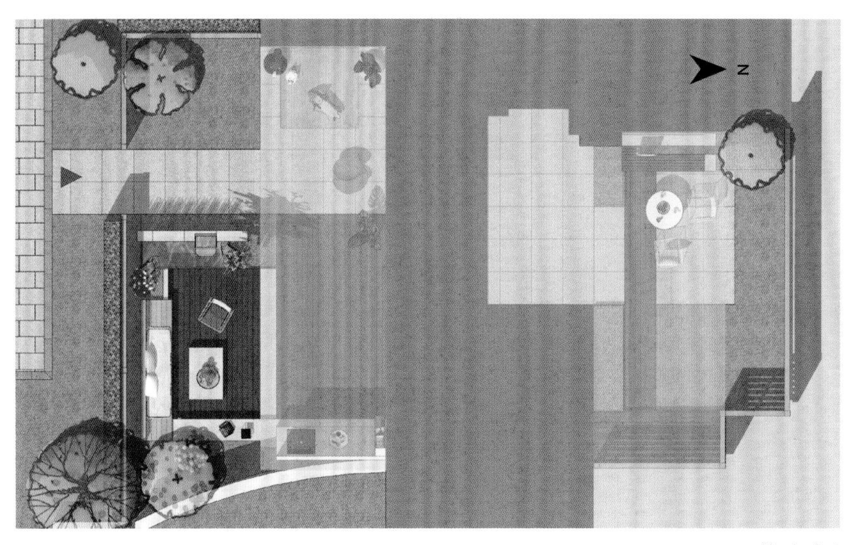

总平面图

一半生活，一院阳光

项目风格：现代简约
项目面积：165.3 m^2
项目造价：30 万元
主案设计师：张迈祺
设计单位：广西南宁草木间园林工程有限责任公司
施工单位：江西海盛园林景观有限公司、广西南宁草木间园林工程有限责任公司

项目构建了现代舒适的庭院生活环境，营造了人文和谐的居住氛围。

庭院色调轻快、简洁，没有特别复杂的装饰，线条感和功能布局合理清晰，更符合现代人的审美和生活方式，整个庭院空间优雅、干净，富有生命力。儿童玩耍平台是设计师为业主的孩子准备的一个小空间，这个空间极少有家具，就是为了腾出更多的空间容纳儿童成长期间的各种玩具，中间是进口塑木铺装，纹理精细、触感柔软、安全舒适，邻居们的孩子都可以在这里聚集玩耍。柔和的色彩和植物的结合，在视觉、触觉和嗅觉上营造了舒适柔软地玩耍体验。

侧院的自然花境有 100 多种不同品种的树木花卉，让花园四季有不一样的景色。

花园小径成为这里的主角，心随景静，让人们慢下来，而这里也给予了人们一个暂时停留甚至冥想的理由。小径旁最大的一棵银杏作为最高结构树种撑起花园的高度空间，秋季银杏金灿灿的叶子在风中闪烁，微风吹过，平台、小径上落下一地羽毛般的金色。庭院设计使人获得私密性和安全感。

总平面图

整石汀步的趣味性和长块错落的几何铺装是小径的灵魂，园路变得有趣且富有变化。

后院水景是中心景，行走在小径时都能隐约听到水声。宽阔的水帘不管从侧院小径还是从室内客厅看过来，都是非常壮观的。流水景池与院内植物一动一静，使得整个庭院灵动且有氛围。后院平台比较开阔，围坐在一起即构成休闲空间。采光井平台是一个上人平台，磨砂钢化玻璃既满足负一层采光需求，又是一个屋檐平台。

屋内妻儿欢乐，花园鸟语花香，忙时归心似箭，闲来修枝剪叶。白天可以在这里阅读休憩，沐浴阳光，共享天伦之乐，感受光影与时间在树影下的律动；夜晚享受微微的氛围光，惬意而温馨。一幕幕美好的场景在这里上演。

兴耀龙湖·天泱雅筑

项目风格：现代简约
项目面积：1625 m^2
项目造价：300 万元
主案设计师：林俊俊
设计 / 施工单位：杭州木杉景观设计有限公司

项目位于杭州武林新城板块，未来发展潜力巨大。地块紧邻地铁站口，周边各项基础设施齐全，不仅有办公、住宅空间，而且商业氛围浓厚。项目旨在打造一个高品质的酒店式公寓景观体验区，把酒店搬回家。

酒店式入口大堂的无雨落客设计、独特的景墙与艺术花境，塑造出了独具特色的礼制空间，以克制、极简的手法呈现纯粹、理性之美，让赴约的访客、归家的业主充分体验尊贵典雅的仪式和礼序。

在植物配置方面，注重形态特性，而不是刻意追求程式化的统一与规整，使得植株成为与场地共生的部分。

景观连廊运用金色调渲染空间氛围，金色廊架与黑色系的水院形成强烈而鲜明的对比，使得“私享轻奢、高级情调”不动声色地融入项目“基因”。

水景中波光泉的设立为场地增添了几分生机，向心形排列方式突出了建筑与主题雕塑，给整体画面带来动静结合的多重感受。

水景、水雾与天光组成奇幻的漂

浮水岸，水景、雾森与花园有机结合，使得连廊空间的氛围感完美展现。

项目采用黑金配色，在场地中打造奢华的景观回廊、高级的水景盛宴、殿堂级私享花园、精致的艺术雕塑，这些搭配足以为业主带来舒适的景观感受。在设计中，空间品质与细节的打造是不可或缺的。材质的色彩与肌理、光与影的描摹，这些细节很大程度上使得场地界面更加富有层次与品质感。

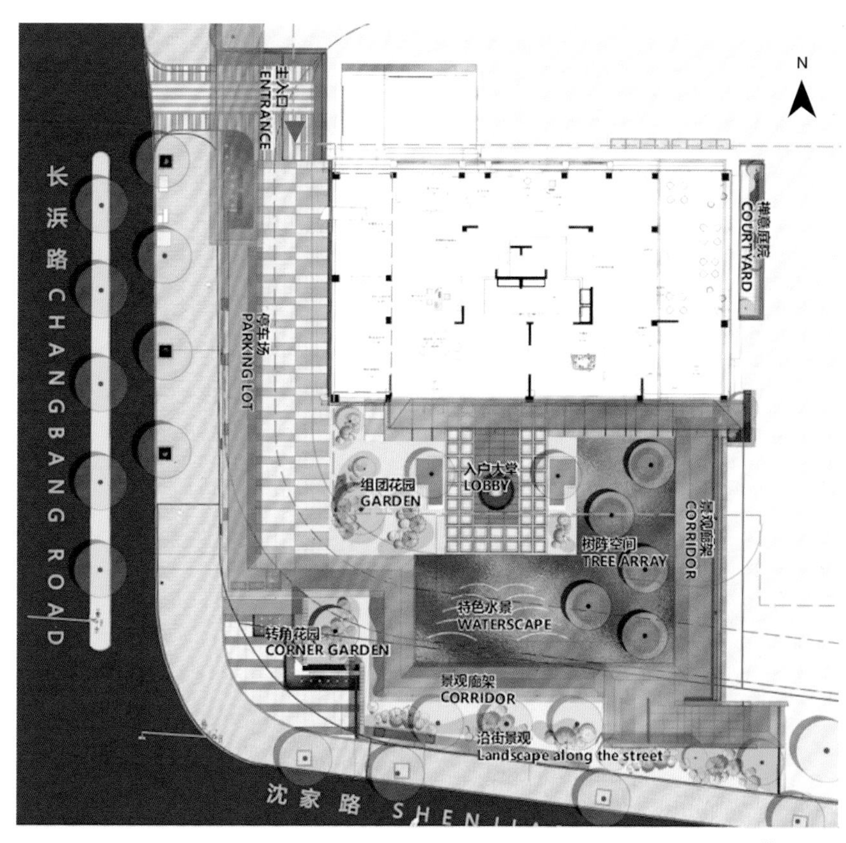

总平面图

《麦兜故事》里的惬意生活

项目风格：现代简约
项目面积：388 m^2
项目造价：80 万元
主案设计师：刘木森
助理设计师：谢伟强
设计 / 施工单位：广州市泛美户外装饰有限公司

项目位于中山市神湾镇西江边的一座独立岛屿上，毗邻珠海，处于粤港澳大湾区中枢，拥揽江、海、山、林、岛五大珍贵自然资源。

蓝天白云，椰林树影，水清沙幼……《麦兜故事》里的惬意生活，是每一个追求品质生活的人都有的梦想。踏着石板路，闯入美丽的花园之中，迎着缕缕海风，享受园中深处奢华别墅的隐秘与浪漫。

建筑以极简几何线条营造通透感，采用退台亲水式手法形成多层次的露台空间，建造由泳池、空中花园等构成的立体休闲空间。

露台自然面的南斯拉夫白呼应布满苔藓的景观山石，石材细密的肌理与清新柔软的苔藓呈现一派大自然的韵律。远处海与天相接、山与海相应，近处是迂回的私家游艇水径和安静的别墅庭院。

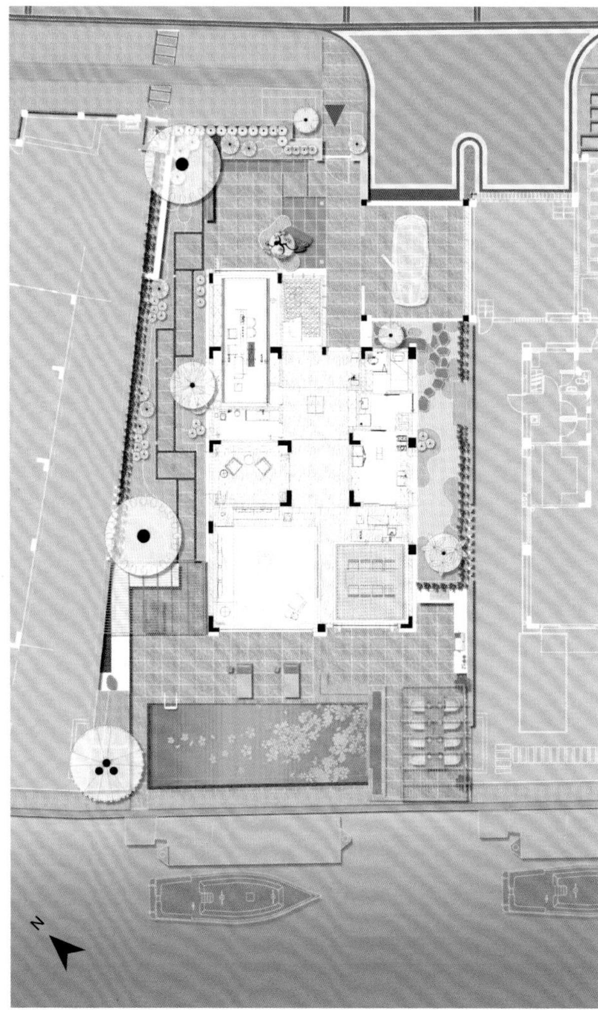

总平面图

蓝城溪上云庐庭院

项目风格：现代简约、现代中式、禅意
项目面积：284 m^2
项目造价：100 万元
主案设计师：李新
设计 / 施工单位：浙江蓝城迅凯规划建筑设计有限公司

花园永远承载着生活的美学表达。作为蓝城溪上云庐献给当代客群的现代花园，本项目不仅以主题情景构建场景故事，而且更加注重人与自然的空间关系。

花园分为上叠花园与下叠花园，结合当代客群生活需求，将室内景观延续到庭院。在整体设计上，空间以灰白色系为主，搭配金属色形成精致阔绰的空间氛围。而在软装上，采用就地取材的手法，提取灰咖色作为引导性色彩，通过冷色调的浅灰色花岗岩及奶白色的墙面等的互补融合，形成与自然不可分割的视觉效果。

下叠花园打造现代中式风格，将空间分成休闲会客区、童趣空间、户外聚餐区等区域。在休闲会客区坐时光、听岁月，哪怕仅有半晌之闲，也可同好友一起相聚于此，体味匆忙生活中一分难得的舒适。童趣空间则结合了庭院的草坪，可以搭帐篷，也可以放置活动器械。整体形式以现代风格为主，将现代风格浓厚的材料和线条与自然山水相结合，让它们在同一片天空下也能相得益彰。

步移景异的游园设计手法和层次递进的景观语言定义了空间格局，故事悄然拉开序幕。富有层次感的空间构成与不同借景方式的相互融合，如同将人文笔墨铺陈纸上，用静谧空灵弥漫雅致空间。

入口对景为一面结合水景的小矮墙，正对着客厅外侧设置叠水水景，增加仪式感，结合入口水景打造亲水

休憩平台，倒映出松风水月、粉墙黛瓦。以水为心境，引导出建筑与山水意境中本真与纯粹的一面，东方风骨与气韵尽显。将院墙打造成流水院墙，特制老鹰嘴流水，营造动态流水效果，点缀一棵造型松将中式韵味融入其中，同时结合休憩廊架及烧烤聚会空间。

上叠花园则注重的是观赏性和休闲性。设计师设置了休憩廊架、养鱼池、阳光草坪等内容，希望业主能在廊架里喝茶洽谈、喂喂鱼、听听水声。

让这一分为二的园子既能承载生活，又可经营心境，是设计师最初的想法。

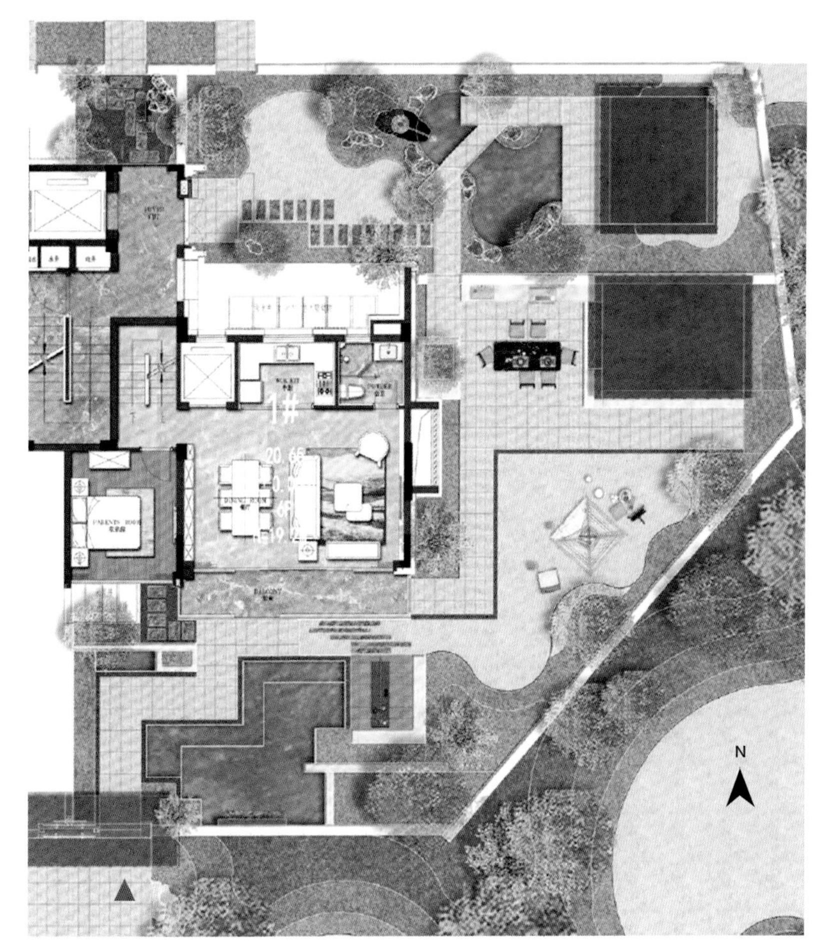

总平面图

滨江郦城·花栖谷·揽星居

项目风格：现代禅意
项目面积：333 m^2
项目造价：165 万元
主案设计师：王琪
设计团队：杨明秀、米赞
设计 / 施工单位：成都乐梵缔境园艺有限公司

滨江郦城 · 花栖谷 · 揽星居是一所叠拼别墅，样板花园设计一共分为上叠、下叠、露台及屋顶四个板块。

上叠及下叠花园：根据人流动线与空间结构特点，花园设计风格定位为现代禅意。在有限的空间内，设计师尝试将生活感与自然的情趣巧妙结合，既有生活化的烧烤会友、孩童趣事，又有风雅的临水品茗、幽道听音，在喧嚣与宁静中实现一种平衡。整体通过七面不同样式的景墙，提升花园空间的层次，增强动线上的节奏感与设计感，将不同的功能分区很好地划分开来。

枝条舒展的红枫、造型出尘的罗汉松，配以自然形态的灌木及淡雅的花卉，贯穿于整个设计之中，整个基调都与建筑相呼应。这里既是室内可观的风景，又是一个独立的艺术空间。

露台花园：露台位居二层，是卧室空间的延续，从性能上分析，它更具私密性与专一性。设计师推翻了原来的现代设计风格，重新打造了更具冲击性的禅意花园，将自然山水纳入室内，居于室内便可望见“山川河流”。地面起伏，山石点景，粗粝的石板是

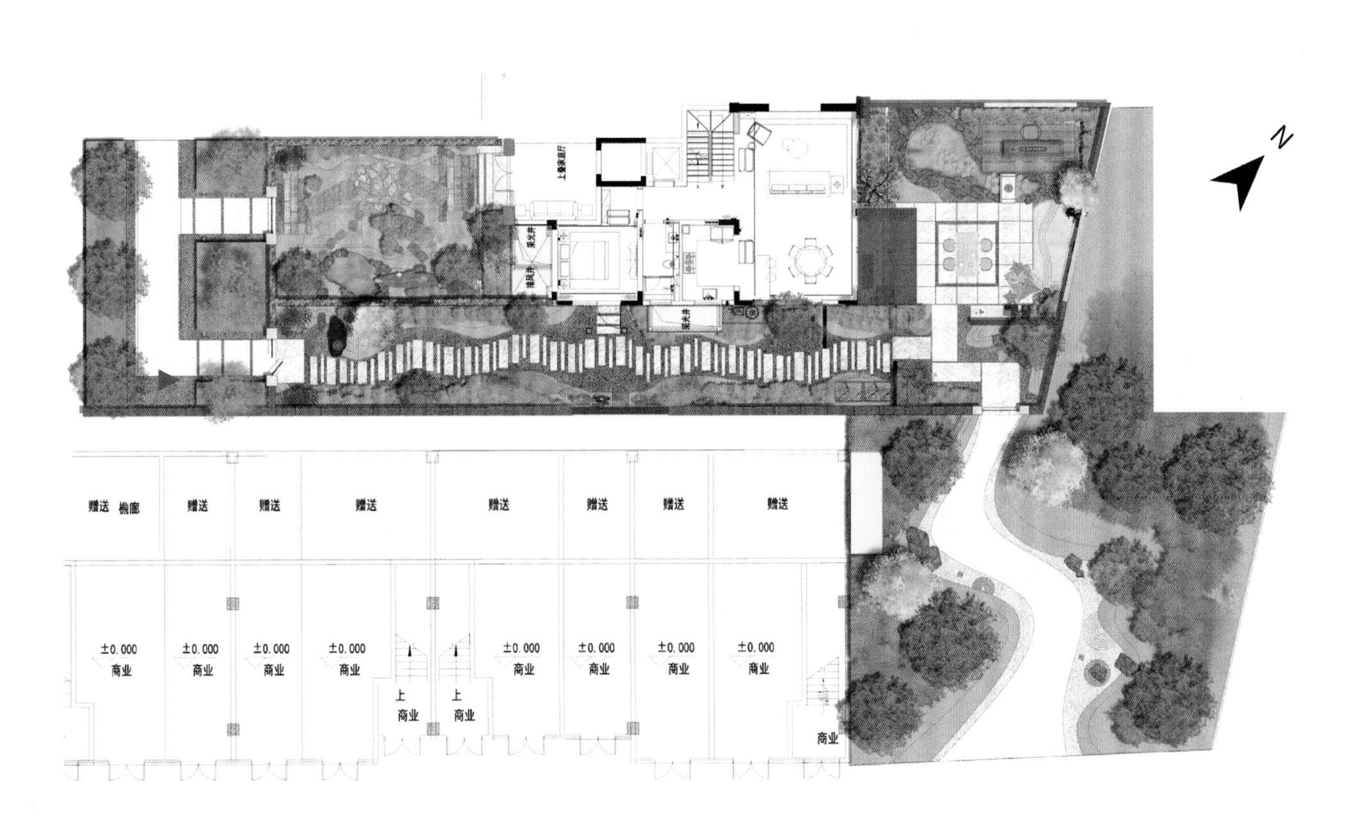
N
赠送 檐廊
赠送
赠送
赠送
赠送
赠送
赠送
赠送
±0.000 商业
±0.000 商业
±0.000 商业
±0.000 商业
上 商业
上 商业
±0.000 商业
±0.000 商业
±0.000 商业
±0.000 商业
商业

上叠及下叠花园平面图

唯一的驻足之地，虽是小小天地，却是自有乾坤，耐人寻味，让忙碌而喧嚣的生活拥有一份独处的宁静与满足。

屋顶花园：整个空间为长方形，干净、利落、线条明朗，远可见群山，近可赏灯火。屋顶花园的设计风格在整体上延续了上叠、下叠花园及露台花园的色调，但是在布局上做了改变，呈现出现代风格。在钢筋水泥之间，通过具有现代质感的不锈钢花箱，用植物独有的柔美弱化空间的钝感与景观性，通过不同功能的小场景增强花园的趣味性与可塑性，既有闲坐沙发的惬意，又有吧台远眺的趣味。而镜面艺术水墙、唱片架、多肉盆器、格栅墙等场景化的表达不仅强化了花园的多样性，而且让这个屋顶花园变得可爱、精美，处处都是对生活的热爱。

露台花园平面图

屋顶露台花园

空中花园

项目风格：现代简约
项目面积：276 m^2
项目造价：84 万元
主案设计师：李若水
执行设计师：钟贤
设计单位：成都麓客创意设计有限公司
施工单位：成都绿豪大自然园林绿化有限公司

项目位于成都城南高新区新川片区，整体为屋顶花园，总面积为276 m^2。花园由反梁横向划分为两个部分，且内有烟道及排气管无规则散落分布，影响了花园的整体性，需要在现有的布局上作出改变，这为设计师的设计增加了难度。由于处在商业及住宅区之间且有城市主要交通动线，周围环境相对复杂。

结合花园的现场状况，设计师和业主沟通了关于花园的想法。业主较年轻，平时会有一些朋友聚会，希望花园在兼顾居家的同时可以充当聚会活动的场所。了解了业主的想法后，设计师的设计思路也逐渐清晰。首先，花园的功能性比较强，人就是花园最重要的服务对象，从“以人为本”的思路出发，在设计里考虑设置较多的休息空间，业主可以在花园里小聚，聊天、喝茶或烧烤。其次，业主希望花园可以成为一种标志，符合当代的审美，能吸引前来游玩的人为它停留，在满足基本功能的同时兼具设计的美感，与周围环境相融合。这使得设计师在设计上要有打破常规的勇气。

屋顶花园的承重梁是不可改变的因素，设计师便来个“将计就计”，将其做成抬高的镜面水景。设计师将花园分为四个区，将原有排气管与水面装饰花融为一体，对烟道进行加高

处理，外饰面采用镜面不锈钢与周围环境融合，功能区内的洗衣房也用同样的方式隐匿其中。厕所的设计采用曲线的形式，特殊的设计手法体现花园的灵动。立面的围墙也是设计的重点，提取“山”元素，做成错落有致的山峰，一山一水，一静一动，动静之间巧妙相接。在空间上划分成上下两个区域，一个是户外的聚会烧烤区，一个是阶梯式的弧形休闲区，有一种包容的围合感，像是被自然环抱其中。地面选用了规则防滑砖，线条均匀，呈深浅变化，为铺地增添了节奏感。家庭聚会、朋友来访、商业会谈，在这个空间里都相得益彰。

整个花园融入了现代时尚元素，结合周围环境顺势而为。项目完成后，得到了业主及项目负责人的高度认可。

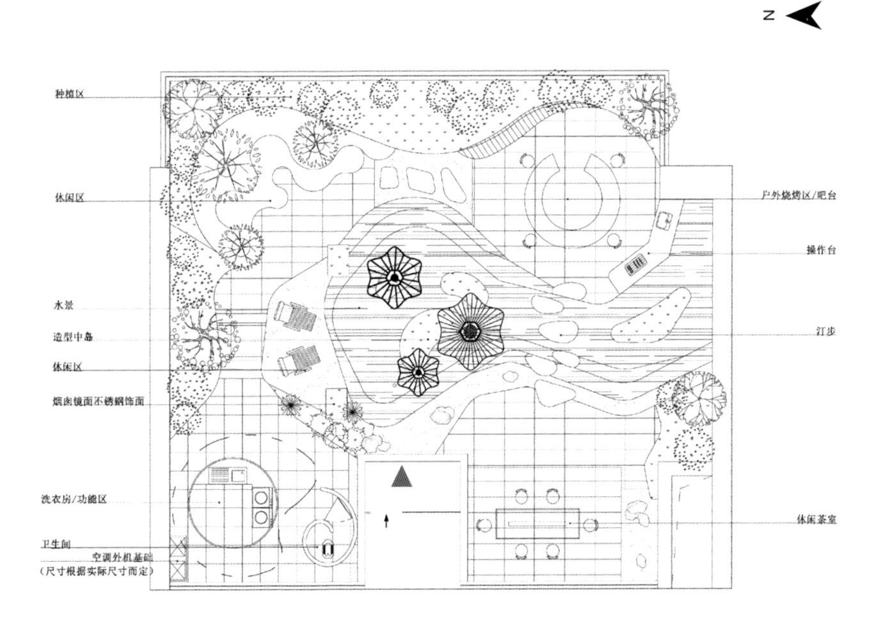

总平面图

最美的献礼——现代简约花园

项目风格：现代简约
项目面积：380 m²
项目造价：70 万元
主案设计师：林亨都
设计 / 施工单位：深圳如一园林设计有限公司

为梦追逐的路上，经历了繁华处处，也见惯了疾风骤雨，最难忘的还是一直站在身后的家人，他们永远带着温暖又治愈的光。因此，我们的业主希望可以送给家人们一个最好的礼物。

木色平台临近室内空间，也是户外屋顶花园的开篇。棕榈叶富有特色的影子落在地面，成为热带风情的注脚。在休闲水吧居高远眺，无论是小小村落的袅袅炊烟，还是城市的车水马龙，都可以尽收眼底。深色的格栅廊架，脚下光影爬升，细数悠悠岁月，以光可鉴人的大理石景墙为背景，铜色涟漪点缀其间，就这样开展一场高品质的茶会，任由茶汤浸润时光、抚平人心。铺装没有拘束，大胆的跳色、变换，甚至融入岭南的花砖元素，跟随小朋友陷入摇摇晃晃的彩色陀螺椅里，一起营造活泼生动的生活场景。

在夜晚的花园踏足的大多只有主人们了。淡去社交属性，庭院彻底成为一个栖息的港湾。日出相伴，日落相随，陪你度过无悲无喜的平凡岁月。

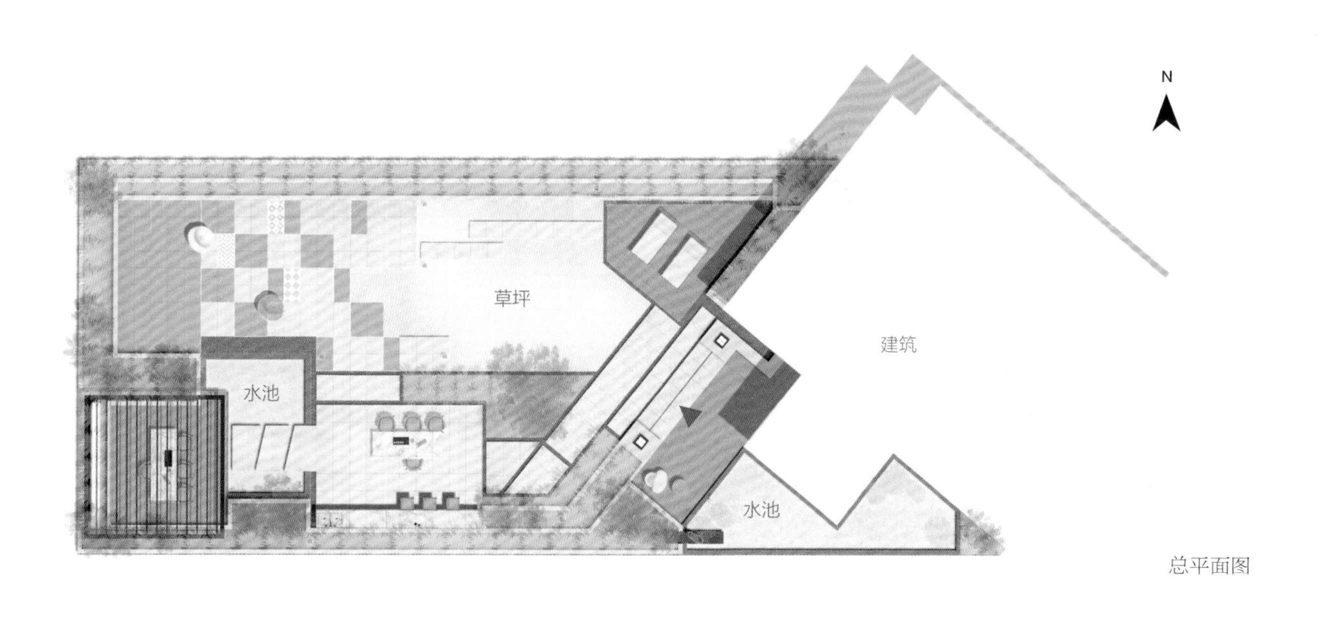

总平面图

轻花园

项目风格：现代简约
项目面积：1300 m^2
项目造价：235 万元
设计团队：钟惠城、王迪、凌齐美、袁绍钟、林娟、张怡亮、梁嘉惠、蓝皓
设计 / 施工单位：小大景观

万象天地是深圳很受欢迎的商业公共空间，位于深圳市南山区腹地，紧邻城市大动脉——深南大道。设计师在万象天地六层屋顶设计了一座“轻花园”，希望给城市中心生活的人们带来更多自然体验。

与万象天地集潮流与时尚于一身的热点之地不同，这里是一处返璞归真、轻松宁静的清凉之境。虽然花园的场地小而狭长，但设计师利用场地的进深条件创造了一个远离喧嚣的隐秘花园。作为室内会客厅的延伸，从六层会所进入花园西侧，便来到了被层层绿意包裹着的下沉平台，这里成了更加放松的户外聚会空间。连接下沉平台与场地中段的入口通道狭长笔直，两侧绿植可缓冲塔楼立面带来的压迫感，将行人逐步带离城市环境，引入场地内部。

中央露台由一组不同尺度的台地错落交叠而成，结合室内会所功能，提供适合不同人数的社交空间。叠水伴随着空间转换，演变出可观可戏的不同形态，以淙淙水声化解城市的喧闹，营造轻松活泼的氛围。往场地东侧走，视野逐渐开阔，石板步道在这里缓慢抬升，并在视野最佳处形成眺望平台，通透轻盈的廊架会将人吸引至此，远望大沙河公园，享受驻足闲望的宁静。

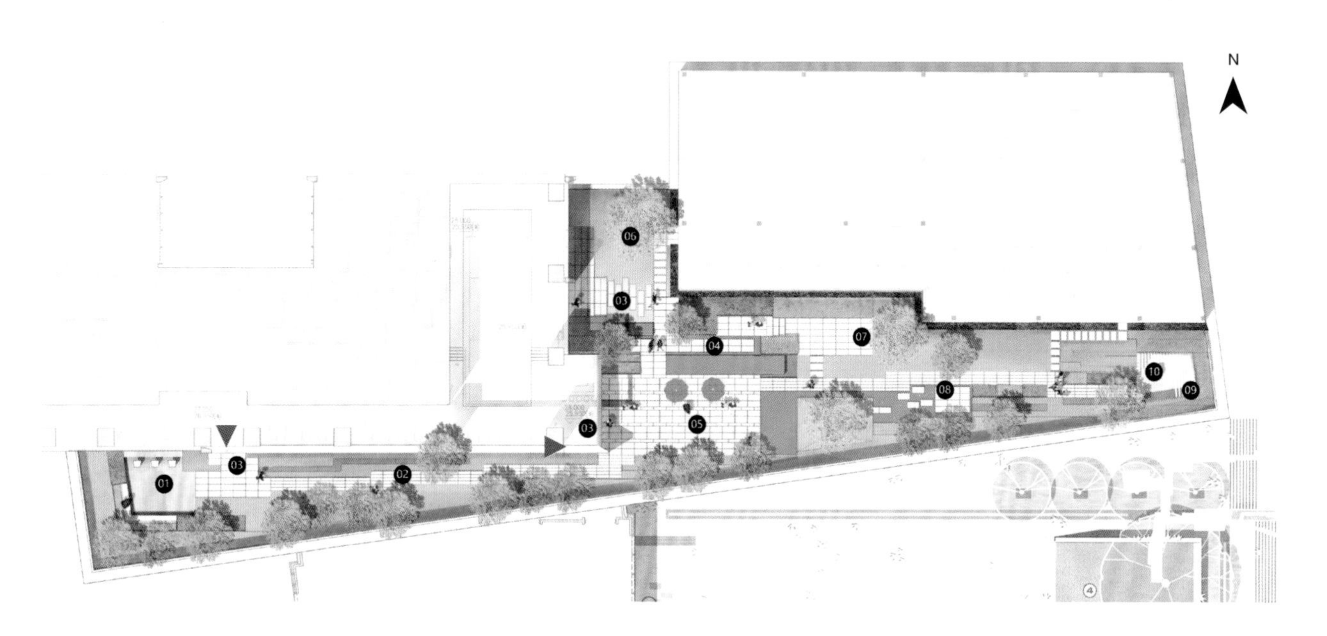

01. 下沉花园
02. 观赏绿廊
03. 建筑出入口
04. 流水台地
05. 共享客厅
06. 写意花园
07. 口袋花园
08. 溪畔休闲空间
09. 远眺平台
10. 休闲凉亭

总平面图

涵麓渡 W 会所花园

项目风格：禅意
项目面积：400 m^2
项目造价：180 万元
主案设计师：王琪
设计团队：危聪宁、米赞
设计 / 施工单位：成都乐梵缔境园艺有限公司

随着城市化进程的加快，建筑越来越密集，在水平方向发展绿地已然越来越困难。于是人们开始寻求立体空间的绿化之路，在建筑形式上不断出现多种形式的屋顶花园，形成大小不等的绿地空间，使人们埋藏已久的庭院情结在钢筋水泥的城市中得以实现。

本次设计团队打造的涵麓渡 W 会所花园面积为 400 m^2，共分两层空间来呈现，分别为顶楼和位于三层的院落。原顶楼面积大，覆土及植物较少，为了呈现多功能复合式公共绿野空间，设计师从空中花园、归园田居、聚会空间三大主题出发，打造出一片闹市中的绿洲。而三层则打造为云阶月地花园，为人们带来意境满满、禅意悠悠的现代日式庭院。整个设计施工过程团队都严格把控，历经四个月，涵麓渡 W 会所花园已初展芳华。

空中花园的设计以枯山水的意境体现自然禅意，以现代的手法结合构筑物、景墙及小品营造禅意空间。植物配置以日式庭院造景手法为主，运用蕨类、日本红枫、大吴风草、阿根廷皇冠等营造独特风景，路边点缀造型桩头，丰富庭院景致，视觉上获得愉悦的同时，精神上也得到了放松。

在庭院水景中，设计创造出一种

幽谷的意趣；将禅意嵌入山水、融入自然；花木水石，纳天地灵气，宛自天意。有一处庭院，饮一杯茶，约三两好友，不再为世俗之事奔波，不再立于城市喧嚣之中，好不惬意。

在屋顶花园的一角设置了一片菜园，在花盆中种香草，在大花箱中种蔬菜，又或者在网格架上种水果，在装饰庭院的同时让人体验了一把田园农耕生活。双手握着泥土，阳光晒着背脊，让自然界的节奏与你相连。

温馨的聚会空间是室内气氛的延伸，丰富了整体庭院空间的功能性。顶楼视野通达，空间开阔明亮，可以满足人们聚会、交谈、玩耍的多样化需求。

三层庭院边界开敞，设计团队在这里设计了一座秘密庭院，整体以苔藓植物搭配砾石汀步来呈现，延续了现代禅意的空间氛围。在中心庭院精心打造了一座浮空岛，带来空间的起伏错落，结合大面积的苔藓和蕨类植物，打开造雾机后，如同仙境一般。汀步是庭院中跳跃的元素，与平缓的砾石相互嵌入，既融合于景观之中，又避免道路给绿地和水面造成割裂感，增强了景观的完整统一性。

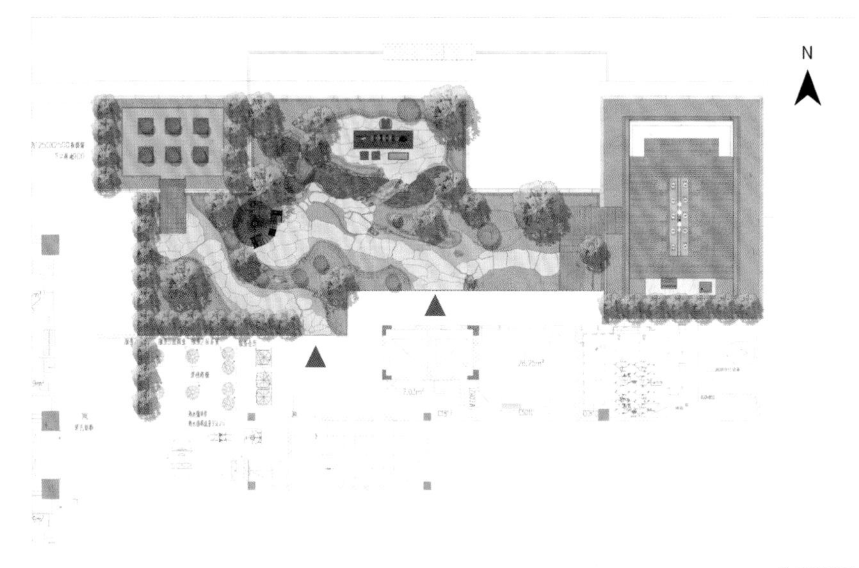

总平面图

郦城园艺合院

项目风格：混搭
项目面积：16 m^2
项目造价：19 万元
主案设计师：危聪宁
助理设计师：王琪、魏文斌
设计 / 施工单位：成都乐梵缔境园艺有限公司

这是一个设计风格偏现代清爽且兼顾实用休闲的阳台。整个园艺阳台结构标准方正，从客厅而出，映入眼帘的便是花园的全部。虽然小院不大，但设计师希望每个细节都能成就独特气质。当阳光洒下来时，黄色的暖色调让花园整体更显清新自然，氛围感拉满。

设计提取建筑外墙的暖色系为主导色，外圈采用高低不一的金属种植池进行围合，种植易于打理且层次丰富的植物，花草会越长越丰满。地面则采用与整体色调协调的特色小花砖，结合软装搭配，置上一个秋千般的藤编吊椅，既实用又有娱乐功能。

设计师将格栅与猫爬架、猫屋结合，创造了一个集养宠物功能于一体的构筑物。试想一下，一家人宅在阳台上，一起逗逗猫，晒晒太阳，打理花花草草，好不惬意。

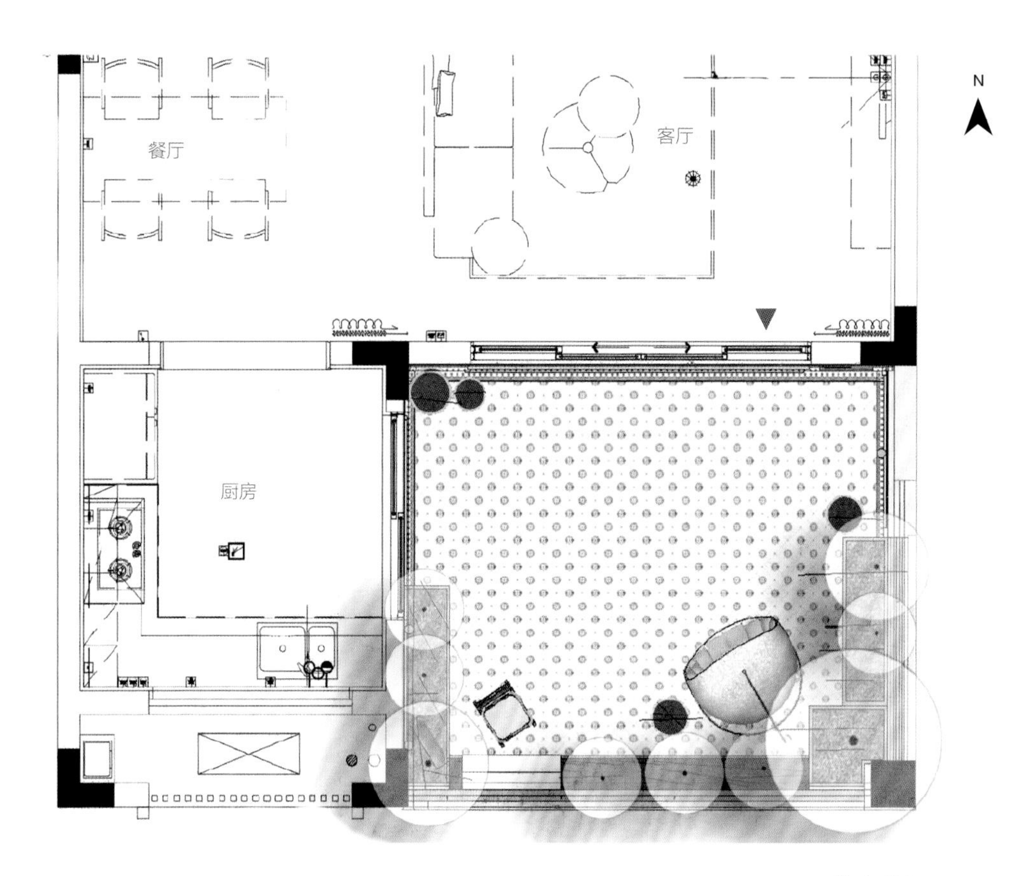

总平面图

天井中的光

项目风格：现代简约
项目面积：40 m^2
项目造价：16 万元
主案设计师：纪翔
设计 / 施工单位：青岛伍柒玖景观装饰工程有限公司

本案位于山东青岛，是一个天井花园，面积为 40 m^2。将利用率很低的一层狭长过道空间下挖至负一层，让光线洒进来，封上顶，将其变为了一个室内外自由转换的空间。

这个下沉空间由三部分组成：门厅区、观影娱乐区、水吧红酒区。

推门而入，便看到一面灰白色岩石肌理墙与绿色植物的碰撞，坚硬与柔和相融；沿阶而下，进入围合沉浸感十足的观影区，这里是孩子们最喜爱的地方；最后，是以功能性为主的水吧红酒区。

此处空间既有室内环境的温暖，又有天窗满足通风需求。在植物的选择上包容度也很高，选择了很多网红植物——鹤望兰、百合竹、针葵、绿巨人、春雨、鸟巢蕨等，打造了一个小清新的雨林环境。

俯视图

“原乐”花园

项目风格：现代简约
项目面积：1200 m^2
项目造价：90 万元
主案设计师：阮婷立
设计 / 施工单位：德清县阜溪街道又见设计事务所

依山而居，傍城而生，山景之中的日出，城市之中的静谧，美景与远方，热爱与情怀，享受与自在……找寻原本的快乐，这便是建造“原乐”民宿的初衷。在这“原乐”的定义下，设计师对景观的呈现进行了深入的思考。白墙绿植、景墙探景、石板台阶、镜面水景、水上汀步……缓缓拉开景观的序幕，将静与动、虚与实、光与影表现在景观空间里，统一协调且富有趣味变化。

一进入民宿便是停车区，停车下客，映入眼帘的是米白色矮墙与阔叶植物，度假的气息扑面而来。植物的搭配采用天堂鸟、海芋、蒲葵、春羽、针葵等，将它们一字排开种植，恰似热带植物的曼妙序章。

停车区与主建筑之间采用台阶的手法组织高差，踏上东北侧的台阶便来到整个花园的主景区，白色的现代小楼房、游泳池与景观镜水面、木平台与阳光大草坪有机组织在一起。浮在水中的汀步是连接室内外的桥梁，跨步而过仿佛在“凌波微步”一般，

被水环绕，别有情趣。镜面水系与水帘的设计使整个水景动静结合，构成集可观、可玩、可游于一体的水景空间。

泳池前的阳光大草坪区由休闲平台、聚会餐吧和花境草坪组成，游客可在此露营、聚餐、赏景，享受周末的惬意时光。

建筑的西北侧是一片安静的大草坪，草坪边设有下沉式篝火台和天幕。在静谧、惬意、浪漫、美好的夜晚，伴着熊熊篝火，燃烧炽热的幸福，与亲朋好友围坐在一起，或畅谈理想，或闲聊家常趣事，有感而发，回味无穷。

站在建筑最高处的露台上，俯仰皆是景色，侧首满眼山峦，为整个民宿增添了无尽的自然气息。围栏采用玻璃材质，在不影响美观的前提下，使视野更加开阔，白色的墙体与灰色的地砖、砾石让整个空间安静与通透。弧形的圆拱设计营造出洞穴般的原始风情，走入拱门，花箱内种植着一排沙生植物，与白墙形成鲜明的对比。

以“原乐”为切入点，植物与景观构筑物相互衬托，共同打造出一处干净浪漫的民宿景观，使人远离城市喧嚣，去找寻原本的快乐。

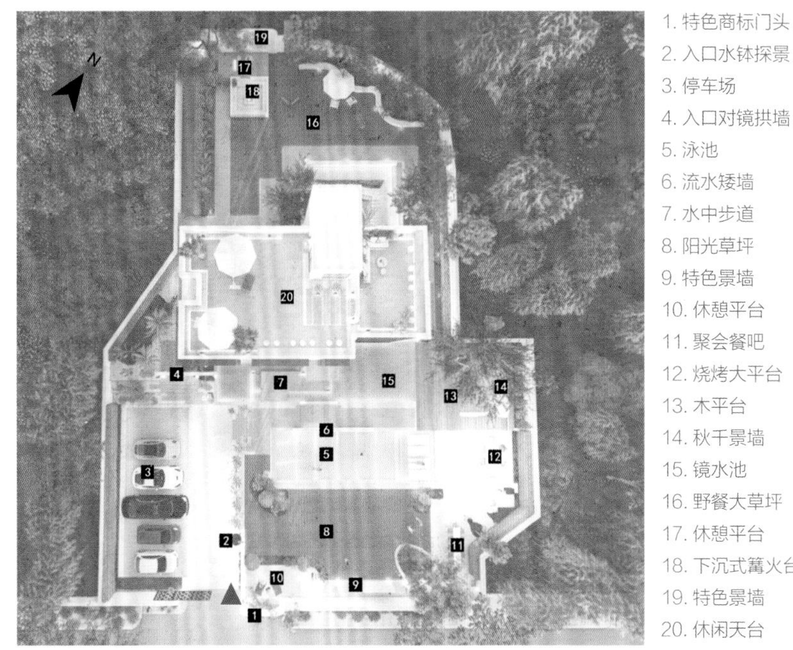

1. 特色商标门头
2. 入口水钵探景
3. 停车场
4. 入口对镜拱墙
5. 泳池
6. 流水矮墙
7. 水中步道
8. 阳光草坪
9. 特色景墙
10. 休憩平台
11. 聚会餐吧
12. 烧烤大平台
13. 木平台
14. 秋千景墙
15. 镜水池
16. 野餐大草坪
17. 休憩平台
18. 下沉式篝火台
19. 特色景墙
20. 休闲天台

总平面图

YOU ONLY LIVE ONCE
YOLO

启迪 · 嘉舍花园

项目风格：现代简约
项目面积：300 m^2
项目造价：30 万元
主案设计师：宋海波
设计 / 施工单位：苏州纵合横空间景观设计有限公司

这是坐落在苏州工业园区的一套商业别墅，室内主要承担着办公、会客等功能属性；而对于城市里本就稀缺的户外空间，我们的业主对这座花园寄托了更多的向往与愿景。

半商用型庭院花园，在私家花园特有的浪漫意境的基础上，需满足短暂性多人参观、聚会、活动等公共属性需求。在这样的要求下营造出别具一格的空间氛围，以及满足业主偶尔“举樽醉卧邀明月”的理想愿景，并不是一件易事。

院落极其方正，朝南而坐，客厅的超规格玻璃门为室内外的互通提供了绝妙的空间尺度。室内外通过深色塑木地板过渡，户外凉亭设置在庭院西南角，与室内客厅呈对角线遥相呼应，内外互动性强。户外凉亭区域同时配备了镂空的操作吧台，满足日常聚会备餐和洗刷等功能。

通往凉亭休闲区，需踩着置于戏水池中的一组汀步路才可到达，“人在园中走，如在画中游”，听着手边流水墙源源不断溢水的声音，看着脚旁水

中晕开的倒影。三五好友，聚在一起，兼顾办公空间的特殊属性。园内植物多以花坛式呈现，大面积空间保留了硬质铺装，整体更易打理。正南方向是高尔夫推杆坪，为专业定制的仿真草坪，更易打理且四季皆绿。花园中使用的材质是经过深思熟虑的选择：地面铺装由浅色系石英砖和花岗岩构成；木板均为户外塑木，无须二次维护保养，且仿真度很高；立面的围墙由白色艺术漆喷涂的砖墙和原有的铁艺围栏组合而成，既保障了一定的私密性，又形成了虚实、深浅、前后的对比。

在喧嚣的城市中，大家都很忙碌，为生活，为家庭，为理想。在不停歇的奋斗中，设计师为业主提供的是闲暇间的理想园。

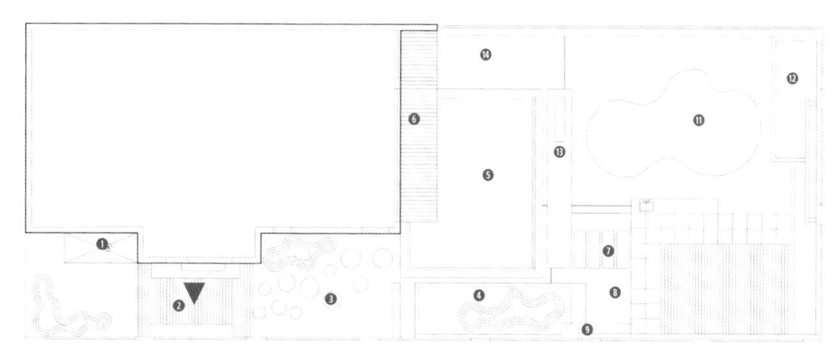
总平面图

1. 功能设备房
2. 工作区出入平台
3. 圆形汀步过道
4. 南院活动平台
5. 南院防腐木平台
6. 水中汀步路
7. 浅水池
8. 流水景墙
9. 户外休闲平台
10. 高尔夫草坪
11. 创意错落花坛
12. 水中汀步路
13. 置景汀步长板
14. 散置白色砾石

唯物 · 庭

项目风格：禅意
项目面积：298 m^2
项目造价：90 万元
主案设计师：刘鑫
设计 / 施工单位：秦皇岛观海园林景观工程有限公司

人们都向往着诗和远方，但平凡生活才是日常。等风来，不如追风去，生活不是为了赶路，而是为了感受路。

不二禅茶是一个让时间在自然韵律中慢慢流逝的场所，给人们慢品人间烟雨色、闲观万事岁月长的机会。经宅院入口转弯进入，使人从外界环境中沉淀下来。使用大量自然材料，路径、鱼池与树不再是单独存在的，而是互相渗透，用石头本身的纹路和“表情”去咬合、拼接、过渡，呈现由平到起的过程。迎接回归心情的是大片舒朗空间，以石、木为笔，以土地为底。视角转换到从茶室望向窗外，窗边的鱼池水钵、圆润的草地边缘、枯山水的石子、特殊形状的山石以及造型各异的植物汇聚在一起，利用窗口框景形成一幅美丽的画卷。坐在小池边喝茶，看着水中鱼儿游来游去，树叶随风摇曳，一缕缕阳光透过叶片映入屋内，不自觉便大脑放空，感觉自己恍惚间也变成了一条鱼，与它们交流，成群结队，远离喧嚣，坐拥宁静。

项目庭院风格偏向松弛、传统、

自然，环境氛围给人心理上的安定与慰藉。室内与室外相互交融，循着踏步，进入最幽静、最为松弛的“画卷”当中，即使是经由茶室进入，也需经过白川沙组成的“海面”，走入安宁，如同一种仪式感，情景与心情都发生转化后方可到达茶室。品一杯茶，时光无端柔软起来，看着屋外的小鸟，闻着近旁的花香，或者和朋友话几句家常，不求得到，而是分享一种共鸣，岁华空冉冉，心曲空悠悠。

观看视角转换也是空间景观设计的重要思考部分。在一层中，观赏同一视角起点的景观着重感受材质表情、景观的前后关系，宏观地将视角放大，使景观与人成为有机的整体。呈现简明的自然性与几何的纯粹性的沟通，完成物象回归自然，再使精神回归自然的秩序循环。有时候，心境即为禅，当下的境与静给人以刹那间的禅悟，或许可以打通心结，得到内心的平静，这便是空间的景观带给人内心的力量。一壶茶，一处静，获得心灵的释放。

石有灵而万物生，水有气而澈见底，我有心而近自然。树叶轻巧飘落在人的指尖，且待花香满园，煮一壶茶，细看这山水人间。

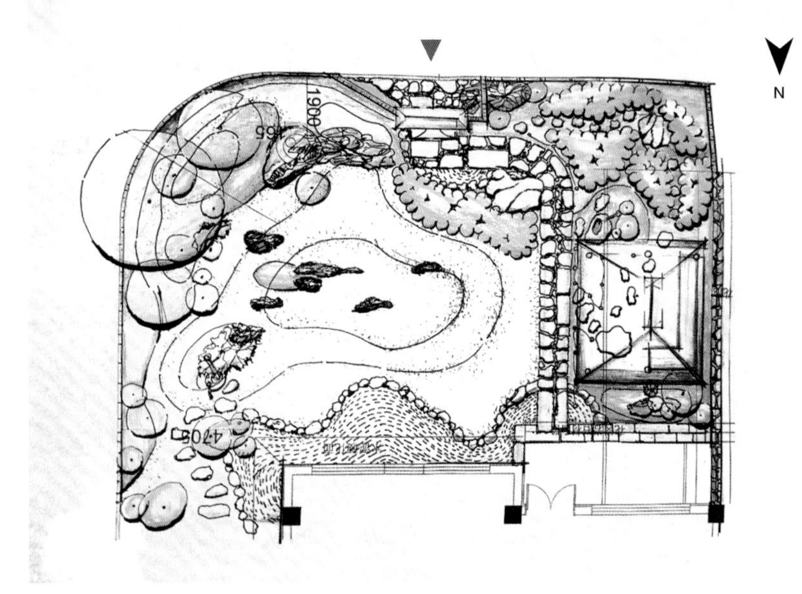

总平面图

浪花园

项目风格：现代简约
项目面积：300 m^2
项目造价：80 万元
设计团队：钟惠城、林丙兴、张怡亮、凌齐美、林娟、熊铮锋
设计 / 施工单位：大小景观

浪花园是一座可以回收利用的临时展园，位于“2020 深圳簕杜鹃花展”的宝安展园区，占地 300 m^2。设计前设计师了解到，目前各种展览在发挥其积极作用的同时，产生了极大的资源浪费，绝大部分搭建材料均是一次性使用后就被当作垃圾扔掉。因此在整个花园创作之初，设计师就带着这样的反思：如何通过设计，在保证能够达到视觉冲击效果的前提下，充分考虑展园的生命周期，传递可持续办展的理念。基于这样的理念，设计师设计了一套可拆卸并可循环使用的预制单元模块系统。海浪形单元模块的灵感来源于被定位为全球海洋中心城市之一的深圳，设计师通过不同角度的模块组合，创造出起伏的地形，从而生动地模拟了海浪翻涌时的优美姿态。在花展结束后，花园 90% 的材料皆可用于异地重建。

毋庸置疑，花展的主角是各色优美的花卉植物。设计师搭建了一个能充分展示主角魅力的海浪形舞台，所有的植物设计均是围绕着“造浪”展开。

花园外——海岸

冷色做主打，暖色为点缀，色彩缤纷的花境塑造了优美的滨海景色。各色绽放的时令花卉配以簕杜鹃，赋予花园海岸浪漫的气息。极具热带特色的宽叶天堂鸟，形成了郁郁葱葱的

绿色背景，完美契合椰林风光，更为花园带来了一抹神秘感。

花园内——海浪与海底

种植于高低起伏的种植盒内的低矮花卉，由白色、浅蓝色逐渐过渡到深蓝色，宛如不断翻涌的海浪。枝丫状、直立状、结有浆果且颜色多彩的多肉植物，搭配彩色叶草本，仿佛缤纷多彩的海底珊瑚礁群落。

除了海浪状地形外，与地面模块肌理相同的“渔网帷幔”和“逐浪廊架”，以不同的形式与参观者互动。“渔网帷幔”轻柔通透，游客可随着地形起伏，与帷幔产生不同程度的接触，或轻撩触碰或隔网相望。由“海浪”翻卷而起的“逐浪廊架”，顶部延续了肌理化的种植，底部则以镜面倒映着四周。不同的时段、不同的位置、不同的视角，呈现出不同的景致。

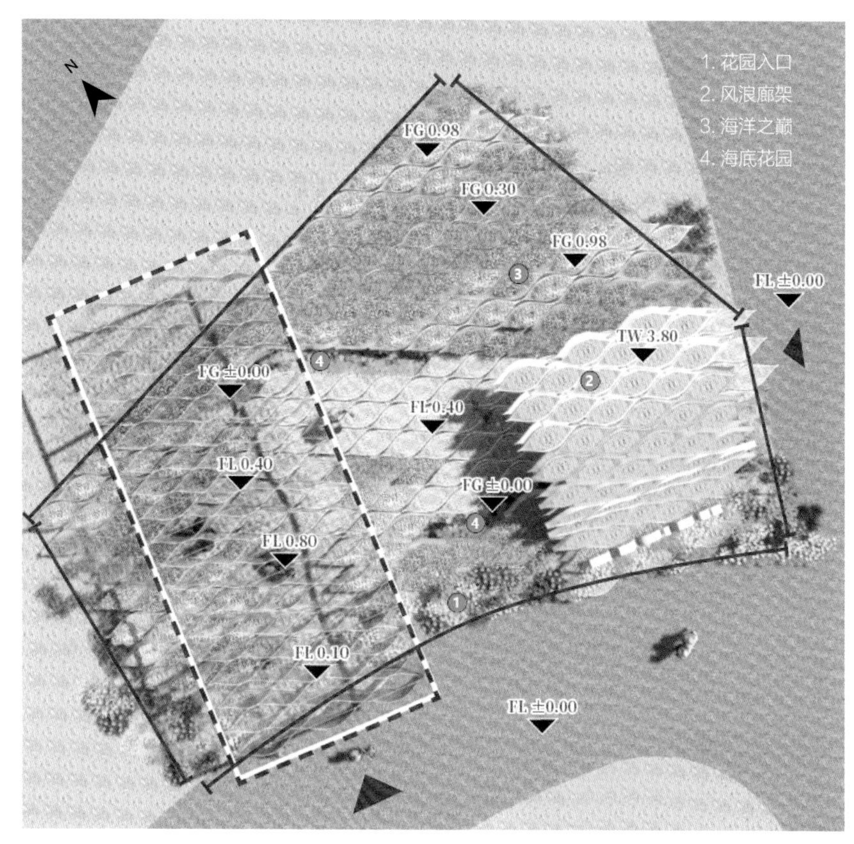

总平面图

整个花园的建造周期为 1 个月，模块化的建造体系（共 335 件预制金属盒模块）完美地适应了紧凑的施工节奏。全园除“渔网帷幔”的结构柱和“逐浪廊架”悬挑的种植盒采用局部焊接外，其余 90% 的材料均采用装配化的形式快速搭建，这为精细的植物养护争取了更多的时间，从而为迎接游客做了更为充分的准备。

漩花园

项目风格：现代简约
项目面积：270 m²
项目造价：60 万元
设计团队：钟惠城、颜琴、陈翔、王帆、叶星
设计 / 施工单位：大小景观

在花园创作之初，设计师决定以海洋为主题，打造海洋主题花园。设计师从海洋中提取了漩涡的设计元素，并以海洋生物及其呈螺旋形上升的生长过程为灵感，通过大地艺术的形式为公众打造了一个海洋主题的展园，呼吁人们保护海洋，关注海洋生物的生存现状。

尽管设计思路是清晰的，但设计师面对的是一道道的挑战。从设计到建成，除去 1 个月的建造施工时间，留给设计的时间只有 15 天。在实地勘探场地后，设计师发现场地狭小且有着 1.5 m 高差的坡地，两侧被园路与乔木围合。考虑到展览结束后场地还需要恢复原状，设计师决定顺应场地地势呈现设计，不对场地做过多的干预。模块化的建造体系很好地帮助了设计师。全园除“漩”的基础结构骨架采用焊接形式外，“漩”表面的圆形种植盒及顶部悬挂的“水母”骨架均采用模块装配的形式快速搭建，既能快速展示设计效果，又能有效地控制建造成本，也能保证回收时的快速拆除。

海上生花

海浪的形态从地面缓缓向上呈向心状涌起，通过 220 组可拆卸的金属

种植模块与主题花卉有机结合，将不同颜色的花卉通过渐变的手法，模拟海水逐浪的动态过程。种植盒内的花卉，由白色、粉紫色、深蓝色逐渐过渡到白色， 整体色调呈现比较淡雅，用花卉的色调营造了“海面”色彩层层递进直至顶端“浪花”翻涌的唯美景象。为了保证“海面”的完整性及渐变的延续性，这次对种植池内植物的高度也有所限定，没有选择规格比较大的植物品种。

海底珊瑚

沿着两侧缓缓上升的“海浪”，步入“海底珊瑚”秘境后，便来到了一处沉浸式的体验空间。设计师通过筛选不同形态及颜色的花卉，模仿海底千姿百态的珊瑚。通过“海浪”底部镜面不锈钢材料的围合，将人在“海底”畅游的“动”，与园路铺装植物的“静”，都倒映在其中，打造了一个绚烂多彩的“海底珊瑚”世界。空中随风摆动的“水母”，更为中心的海底空间增添了一份体验上的沉浸感。尽管漩花园的占地面积很小，但无论是进出漩涡带来的空间变化，还是镜面映射的另一个世界，都给不同年龄的人带来了丰富的体验和乐趣。

在为期 21 天的短暂展览结束后，园区开始撤展，设计师在推土机进园拆除一切材料前回收了部分种植模块，最终实现了材料回收的愿景。回收后的种植模块在 3 个场地发挥了作用：南海意库的公共露台、南海意库小街、社区共建花园。